TIANYINGTAO XIANDAI ZAIPEI
GUANJIAN JISHU

甜樱桃

现代栽培关键技术

孙玉刚　主编

U0209648

 化学工业出版社

·北京·

本书以指导甜樱桃增产提质、高效省力栽培为宗旨，突出新品种、新技术、新成果与常规栽培实践有机结合。针对生产问题和读者需要，系统介绍了甜樱桃现代栽培关键技术，主要包括适地适栽、良种良砧、果园建立、矮化密植树形与修剪、提高坐果、大果优质、灾害预防、设施栽培和采后处理等关键技术。

　　该书重点突出，内容新颖，技术先进，科学实用，浅显易懂，适合从事樱桃生产的科技人员和广大种植者参考，也可供高等学校相关专业师生及果树爱好者阅读参考。

图书在版编目（CIP）数据

甜樱桃现代栽培关键技术/孙玉刚主编. —北京：化学工业出版社，2015.9
（绿色农业技术推广丛书）
ISBN 978-7-122-24861-9

Ⅰ. ①甜…　Ⅱ. ①孙…　Ⅲ. ①樱桃-果树园艺　Ⅳ. ①S662.5

中国版本图书馆 CIP 数据核字（2015）第 184207 号

责任编辑：刘兴春　　　　　　　　文字编辑：谢蓉蓉
责任校对：边　涛　　　　　　　　装帧设计：孙远博

出版发行：化学工业出版社（北京市东城区青年湖南街 13 号　邮政编码 100011）
印　　刷：北京云浩印刷有限责任公司
装　　订：三河市骏发装订厂
850mm×1168mm　1/32　印张 6½　字数 155 千字
2015 年 11 月北京第 1 版第 1 次印刷

购书咨询：010-64518888（传真：010-64519686）　售后服务：010-64518899
网　　址：http://www.cip.com.cn
凡购买本书，如有缺损质量问题，本社销售中心负责调换。

定　　价：25.00 元

前 言 FOREWORD

甜樱桃，俗称"大樱桃"，商品名也称"车厘子"，果实外观艳丽，酸甜适口，营养和保健价值高，是深受消费者喜爱的时鲜、高档水果。甜樱桃成熟早，春夏季鲜果淡季上市，成为果园观光、休闲、旅游采摘的优先树种。近年来，全国各适宜地区积极发展，据中国园艺学会樱桃分会初步估算，2013年全国甜樱桃栽培面积约为14万公顷，产量约50万吨，主要分布在环渤海湾地区的山东、辽宁和陇海铁路沿线西段的陕西、甘肃。由于较大的市场潜力和较高的种植效益，陕西、甘肃、北京、河南、河北以及云、贵、川冷凉高地，宁夏、新疆等适宜区域积极发展，初步形成陕西西安、铜川，甘肃天水，四川汉源以及北京近郊采摘园等新兴产地，对调整农村产业结构，增加农民收入发挥了重要作用。

在快速发展过程中，甜樱桃生产存在较多问题，例如，栽培技术不配套，标准化水平低，主要表现在土壤、砧木、接穗品种配套尚不明确，栽培模式简单，导致园相郁闭、结果晚、单产低、质量较差（不甜、不大）等。制约甜樱桃产业发展的障碍因素多，例如，花期冻害、遇雨裂果、病虫毒害等没有根本改善；生产成本升高，土肥水管理、整形修剪、采收等用工成本快速增加，机械化程度低；果品商品化处理能力低等，严重制约了我国甜樱桃优质果品的生产及产业水平的提升。当前，果园标准化、省力化栽培已成为现代果园发展的主要趋势，如何让种植者掌握甜樱桃现代栽培模式下的关键技术已成为当务之急。

本书编写是建立在专业研究成果基础上，广泛借鉴先进国家甜樱桃生产最新技术资料编写而成的。针对存在问题，系统介绍了适地适栽、良种良砧、建园技术、矮化密植树形与修剪、提高坐果、大果优质、灾害预防、设施栽培、病虫害防控、采后处理等关键技术，对于当前樱桃标准化省力栽培具有先进性和实用性。

全书以现代栽培关键技术为主线，内容新颖，重点突出，技术先进，科学实用，浅显易懂，适合从事樱桃生产的科技人员、广大果农参考，也供高等学校相关专业师生及果树爱好者阅读参考。

本书在编写过程中，借鉴了多位同行的文章和书籍，在此表示感谢！

由于编者水平和时间所限，书中多有不足之处，敬请广大读者批评指正！

编者电子信箱：sds129@126.com。

编者

2015 年 8 月于泰安

目 录 CONTENTS

第一章　概述 ……………………………………… 1

一、发展概况 ………………………………… 1

二、现代栽培技术特征 ……………………… 17

第二章　适地适栽技术 …………………………… 20

一、甜樱桃生长结果特点 …………………… 20

二、甜樱桃对环境条件要求 ………………… 30

三、国内主产区域划分 ……………………… 42

第三章　良种良砧技术 …………………………… 47

一、良种技术 ………………………………… 47

二、良砧技术 ………………………………… 77

三、良种良砧壮苗配套技术 ………………… 82

第四章　建园技术 ………………………………… 84

一、园地选择与规划整理 …………………… 84

二、定植技术 ………………………………… 85

三、栽植后第一年管理 ……………………… 88

第五章　矮化密植树形与修剪技术 ……………… 90

一、有关生长习性 …………………………… 90

二、矮化密植主要树形 ……………………… 92

三、修剪技术 ………………………………… 102

第六章　提高坐果技术 …………………………… 106

一、甜樱桃坐果率低的原因分析 …………… 106

二、提高樱桃坐果率措施 …………………… 110

第七章　大果优质技术 ·· **119**

　　一、沃土养根壮树 ·· 119

　　二、水肥一体化技术 ·· 132

　　三、合理负载生产大果技术 ·· 133

第八章　灾害预防技术 ·· **137**

　　一、低温冻害预防 ·· 137

　　二、遇雨裂果危害 ·· 141

　　三、减少畸形果技术 ·· 143

　　四、防鸟害技术 ·· 144

第九章　设施栽培技术 ·· **147**

　　一、促成栽培 ·· 147

　　二、避雨栽培 ·· 155

第十章　病虫害防治技术 ·· **159**

　　一、主要病害及防治技术 ·· 159

　　二、主要虫害及防治技术 ·· 168

　　三、综合防治历 ·· 180

第十一章　采后处理技术 ·· **182**

　　一、适期采收技术 ·· 182

　　二、预冷技术 ·· 184

　　三、分级包装技术 ·· 187

　　四、贮藏保鲜 ·· 189

　　五、甜樱桃简易加工技术 ·· 190

参考文献 ·· **198**

第一章　概　　述

一、发展概况

（一）樱桃的种类

樱桃为蔷薇科（*Rosaceae*）李属（*Prunus* L.）樱桃亚属（*Cerasus* Juss）植物。作为果树栽培的主要种类有甜樱桃（*P. avium* L.）、酸樱桃（*P. cerasus* L.）、中国樱桃（*P. pseudocerasus* Lindl.）、毛樱桃（*P. fomentosa* Thunb.）和草原樱桃（*P. fruticosa* Pall.）等，果实用于鲜食和加工等，植株用于绿化、观赏等。

1. 甜樱桃

俗称"大樱桃"，商品名也称"车厘子"，起源于高加索山脉的南部地区，随着殖民和移民传播到欧洲、美洲、亚洲等，目前已成为世界性果树，也是我国主要发展种类。栽培品种单果重一般 5～12 克，颜色浅色（黄色）至深色（紫红色），果实生育期 30～90 天，主要用于鲜食，少量加工。见图 1-1。

(a)　　　　　　(b)　　　　　　(c)　　　　　　(d)

图 1-1　甜樱桃

2. 酸樱桃

原产欧洲中、南部和印度、伊朗北部，起源中心黑海南岸和高加索山南部。欧美国家栽培较多，面积和产量仅次于甜樱桃，但我国发展很少，仅山东少量栽培单果重 3 克的毛把酸。近年来陕西、山东等科研单位推出新品种，单果重一般 5～8 克，开始试种推广。主要用于加工果汁、果酱、果酒等，少量鲜食。见图 1-2。

图 1-2　酸樱桃

3. 中国樱桃

也称"小樱桃"、"玛瑙"、"樱珠"等。原产长江中上游流域，四川、贵州、云南、浙江、陕西、山东、河南、北京等均有分布种植。果实个小，单果重一般 1.0～2.5 克，果肉软，不耐运输。北方地区，因采收成本高，目前新发展较少；但在云、贵、川、渝及江、浙、沪等南方适宜地区，用于都市农业和观光休闲采摘，有适当发展，特别是近年来推出的单果重 3 克以上的大果类型，有较好发展趋势。见图 1-3。

4. 毛樱桃

原产中国。耐寒、耐旱，适应性极强。多数单果重仅 1 克左

图 1-3　中国樱桃

右，果柄短小，鲜食品质较差。主产华北、东北，以河北、辽宁栽培较多，其他各地多用于观赏绿化，零星栽植。近年来推出单果重3.5克左右的新品种，在寒冷的东北地区有少量栽培。见图1-4。

（二）甜樱桃的经济价值、种植效益

甜樱桃果实营养丰富，酸甜适口，外观艳丽，是深受消费者喜爱的时鲜、高档水果。含有蛋白质、碳水化合物、钾、钙、磷、铁、维生素 A、维生素 C 等多种营养物质，可溶性糖主要为葡萄

图 1-4 毛樱桃

糖和果糖，有机酸主要为苹果酸、柠檬酸、酒石酸，果实有促进血红蛋白再生等功效。因成熟期早，在调节鲜果市场淡季、满足都市休闲农业发展等方面，有着特殊的作用。甜樱桃除鲜食外，还用于加工、绿化等。果实可加工罐头、果脯、蜜饯、果汁、果酱、果酒等多种产品，还可以被用作冰淇淋和烤制食品的调味料或其他食品的佐料；当甜樱桃鲜食市场低迷，或生产的残次果过多时，进行加工，减少经济损失，确保栽培者的经济效益。甜樱桃开花期早、花色艳丽，树姿挺秀，姿态优美，可用于园林绿化，美化环境。

甜樱桃栽培经济效益高，是目前果树种植效益最好的树种之一，有"宝石水果"、"黄金种植业"之美誉。北方露地矮化栽培，一般3～4年结果，5～6年进入初盛果期，丰产园片每亩（1亩＝666.7平方米，下同）产量可达1000～1500千克，近几年主产区销售价格一般为15～40元/千克，山东泰安、陕西西安等地成熟期较主产区烟台、大连早熟 10～30 天，优质果品销售价格高达 20～50 元/千克；山东、辽宁等采用大棚和日光温室促成早熟栽培，每年 3 月中旬至 5 月上旬上市，价格更是高达 50～400 元/千克；北京等城郊休闲采摘果园，开园价格高达 60～100 元/千克；南方云、贵、川和江、浙一带时鲜甜樱桃更是一果难求，各地积极引种试栽。同时，甜樱桃果实发育期短，开花后至采收前基本不喷施农药，是名副其实的绿色果品；采收后管理相对简单，成本低。甜樱桃已成为各主要产地的高效种植业。

（三）国内外甜樱桃分布、生产情况

甜樱桃主要栽培区集中在北纬和南纬 30°～45°区内；主要生产国家有中国、土耳其、伊朗、美国、德国、乌克兰、俄罗斯、意大利、西班牙、英国、匈牙利、保加利亚、罗马尼亚、智利、澳大利亚等。作为新兴水果，甜樱桃产量远远低于柑橘、香蕉、葡萄和苹果等大宗果品，在世界果树中仅占很小的一部分，在 2006～2008 年间，甜樱桃的产量仅占世界主要水果产量的 1%。但其在高价格上具有很强的稳定性。

随着其种植效益高、果实发育期短、上市早、营养丰富、味美色艳等优势的日益凸显，近 20 年世界甜樱桃收获面积和产量迅速增长。据联合国粮农组织 2012 年统计数据，2010 年，世界甜樱桃收获面积达 38.0 万公顷，产量 213.1 万吨。（另外，2010 年世界酸樱桃收获面积 22.1 万公顷，产量 117.3 万吨，约为甜樱桃的一半）。产量居世界前十位的国家为土耳其、美国、伊朗、中国、意大利、叙利亚、乌克兰、西班牙、罗马尼亚、俄罗斯。甜樱桃的生产越来越集中在少数的几个国家中，前十位国家甜樱桃总产量占世界总产量的 70%，其中前五位生产大国的产量占了世界甜樱桃产量的一半以上。土耳其、美国、伊朗、中国和意大利影响着整个世界甜樱桃产业。见表 1-1。

表 1-1　世界前 20 位甜樱桃生产国家及产量统计表

（联合国粮农组织，2009 年）[1]　　　　单位：吨

国家	2009 年排名	1995～1997 年	2005～2007 年	2008 年	2009 年
土耳其	1	200333	245465	338361	417694
美国	2	164980	258578	225075	401796
伊朗	3	186077	216631	198768	225000
中国	4	4900	138310	174000	185000
意大利	5	123777	106131	134407	116200
西班牙	6	64800	87712	72466	96400
叙利亚	7	40696	63814	48300	78289
俄罗斯联邦	8	75667	81000	63000	69000
罗马尼亚	9	74537	95938	67664	67874
乌兹别克斯坦	10	18333	43355	61000	67000
1～10 位合计		954100	1336934	1383041	1724253
智利	11	21667	39333	46000	56000
法国	12	68591	60901	40356	53577
乌克兰	13	54533	72433	74700	53000
波兰	14	36150	32019	40818	50505
希腊	15	51321	46832	42000	48051
德国	16	120533	31333	25166	39463
黎巴嫩	17	67886	27633	31000	34662
奥地利	18	23862	29014	26790	30276
塞尔维亚	19	25822	24452	29551	29228
日本	20	15900	18833	17000	18000
11～20 位合计		466265	382783	303381	412762
其他		266822	271516	263778	200254
世界总计		1687187	1991233	1950200	2337269

　　[1] 本资料编译自 A publication of Belrose，Inc. WA，USA，《World Sweet Cherry Review 2011 Edition》。

美国是世界甜樱桃生产先进国家之一，2008年其收获面积为3.4万公顷，产量约23万吨，其中75％鲜食，25％加工，主要分布在华盛顿州、加利福尼亚州、俄勒冈州等（见图1-5）。栽培品种主要为早实性状好、大果、丰产、优质、硬肉类型品种；砧木主要采用"马扎德"、"马哈利"、"吉塞拉"、"考特"等；苗木由专业苗圃公司培育，均为脱毒苗木；栽培方式上实行低干矮冠、宽行密植栽培，树形主要为杯状形和纺锤形，行间生草，管道灌溉，营养诊断施肥；新栽密植丰产园一般每亩产量可达1500～2000千克。

(a)　　　　　　　　　　　　　　(b)

图1-5　美国樱桃种植园

中国甜樱桃最早于1871年引入烟台，迄今有140余年的历史，但很长时期没有进入生产栽培，多在庭院和城市的郊区零星种植，改革开放后，我国大量引进新品种和先进的种植技术，科研教学单位积极试验推广，开始了较大面积的生产栽培，近几年各适宜产区更是积极规划发展。据中国园艺学会樱桃分会初步估算，2013年全国甜樱桃栽培面积约为14万公顷，产量约50万吨，主要分布在环渤海湾地区的山东、辽宁和陇海铁路沿线西段的陕西、甘肃；由于较大的市场潜力和较高的种植效益，陕西、甘肃、北京、河南、河北以及云、贵、川冷凉高地，宁夏、新疆等适宜地区积极发展，已初步形成陕西西安、铜川，甘肃天水，四川汉源以及北京近郊采摘园等新兴产地。国内主要生产地区见表1-2。

表 1-2 2013年全国甜樱桃栽培面积、产量与主产区

省市	面积/万亩	产量/万吨	主要产区
山东省	100	30	福山、海阳、平度、临朐、沂源、新泰、邹城、山亭
辽宁省	43	5	大连金州、旅顺、瓦房店
北京市	5	0.5	顺义、门头沟
河北省	4	0.2	山海关
河南省	10	5	洛阳新安、新郑
陕西省	20.5	5	灞桥、铜川、大荔
山西省	4	2	临猗、芮城
四川省	6.5	1	汉源、越西
江苏省	2		赣榆
安徽省	1.5	0.2	越西
浙江省	0.3		金华
贵州省	0.5		
青海省	0.5		海东市乐都区
云南省	0.2		
甘肃省	7.1	1.6	天水秦州、
宁夏	0.5		
新疆	0.8		喀什、和田、阿克苏
其他			
总计	206.8	50.5	

注：来自农业部樱桃行业科研项目（200903019）总结的数据。

　　自20世纪80年代以来，山东的甜樱桃产业发展迅速，据统计，截至2012年底山东栽培面积约6万公顷，产量28万吨，已成为我国甜樱桃的第一大产区，主要分布在福山、芝罘、栖霞、海阳、牟平、平度、临朐、安丘、沂源、沂水、岱岳、新泰、邹城、山亭等县（市、区）；仅烟台地区种植面积2万余公顷，年产量为18万吨。甜樱桃一般每亩产量500千克以上。随着新品种新砧木的应用，也出现部分高产典型，例如临朐采用考特砧木，主栽品种为红灯、先锋、拉宾斯、雷尼等，盛果期一般1500～2000千克，

显著提高了单产。目前，山东省甜樱桃栽培范围也由烟台、泰安等传统种植区逐渐向鲁中南、鲁西北等地区扩展，枣庄、济宁、聊城发展较快，产销两旺，市场由数量型向质量型转化。

（四）我国甜樱桃生产存在的主要问题

1. 栽培技术不成体系，标准化水平低

主要表现在主栽品种、砧木尚不明确，栽培模式简单，园相郁闭、结果晚、单产低、质量较差（不甜、不大）等。

（1）缺乏规划设计，没能真正做到适地适树　多数樱桃园建园规划简单，路、渠、水、电等多因费用大不能一步到位，多数果园因地头没有留足作业道，开不进拖拉机，机械作业困难；许多果园重视灌水，忽视排水，排水渠道不畅，如：2013 年 7 月份降雨较常年偏多，部分果园因积水造成涝害发生，死树严重；还有部分果园存在盲目建园，选择了不适宜的砧木、苗木，缺少授粉品种，仓促上马。

（2）品种更新慢，生产中主要集中在早熟品种　甜樱桃栽培，品种是基础。目前我国栽培品种多达 50 余个，主要品种有："红灯"、"红蜜"、"佳红"、"那翁"、"大紫"、"早大果"、"早红宝石"、"布莱特"、"美早"、"先锋"、"拉宾斯"、"雷尼"、"萨米脱"、"黑珍珠"等，如："红灯"约占栽培品种的 50% 以上，成熟时果肉较软；采收早时颜色浅，糖度低，口感差；畸形果率高，特别是病毒染病率较高。在品种结构上，过分注重早熟品种，主要有"红灯"、"早大果"、"布莱特"、"美早"、"布鲁克斯"等；中晚熟品种较少，采收期过于集中，不同产区使用几乎相同的主栽品种，早、中、晚熟品种搭配不合理。

（3）苗木质量差，缺乏规范稳定的苗圃　目前，樱桃育苗主要是产地个体户育苗，绝大多数没有采穗圃，多数依据自己的经验采集自家或朋友的品种育苗，存在接穗带病毒率高等问题；同时，对砧木了解的少，砧穗组合不当，生产中主要砧木为中国樱桃根蘖苗压条或实生苗繁殖，抗涝性差，易感染根癌病、流胶病、根茎腐烂病、病毒病，树体容易衰弱、甚至死亡，园相不整齐。甜樱桃育苗，砧木是根本，首先要针对离地条件和未来发展方向选择适宜砧木；其次要建有自己的脱毒采穗圃，培育无病毒优质大苗壮苗。

(4) 种植模式简单，技术体系不配套，多不适合机械作业　目前甜樱桃果园株行距多为 3 米×4 米，树形采用不规范的纺锤形，大枝数量多，分枝角度偏大，盛果期园郁闭严重；土壤管理制度依旧清耕制，锄草、松土等，劳动强度大，少有生草制或覆草果园，很少起垄栽培；肥水管理凭经验进行，不能测土配方营养诊断施肥；整形修剪技术借鉴苹果修剪的技术经验，树形上仍以传统的多主枝自然圆头形占多数，树形紊乱，通风透光差，操作空间小；树体营养不良或过剩，6～8 年才进入初果期，结果晚，坐果少，产量低，管理困难；采后技术管理更是跟不上，多数采后不再管理，落叶严重，导致树体贮藏营养水平低下，严重影响第二年的开花坐果。

(5) 平均单产低　据联合国粮农组织资料报道，2006～2008年 3 年间，土耳其、美国等甜樱桃平均单产达到 8～10 吨/公顷，我国仅 4 吨/公顷。近 20 年发展的新果园，美国一般平均亩产达到1000～1500 千克，我国多在 500～750 千克。造成产量低的原因很多，如品种、砧木、树形、冻害、早期落叶等，但主要原因是授粉树搭配不合理，花期不遇，授粉不良，导致连年不丰产。值得高兴的是山东临朐采用"考特"砧木和"先锋"、"拉宾斯"等丰产授粉品种，亩产普遍达 1500 千克左右。

(6) 果实糖度低，单果重小　主要原因是普遍采收过早，对果实成熟度了解少，不能在最佳成熟度采收，导致果实单果重小，含糖量低。如："拉宾斯"品种，在北美果实成熟时紫红色，可溶性固形物 18％以上，一般单果重 8～12 克；而我国采收时果实多鲜红色，单果重仅 6.5～8 克，可溶性固形物 14％左右，根本没有表现出品种应有的质量，更难达到出口质量标准。

2. 制约产业发展的障碍因素多

如花期冻害、遇雨裂果、病虫毒害等没有根本改善。

近年来，春季开花期经常遇到倒春寒，一般 10 年中 3～4 年发生较严重的低温冻害、冷害，造成大面积减产减收。由于修剪、病虫害、冻害等原因，造成树体损伤，加之排灌水不当，树体流胶病普遍，目前尚没有快速治疗流胶病的简易方法，使流胶病得不到及时治疗，营养大量流失，甚至感染其他病害，导致树体衰弱，甚至逐渐枯死。近年来红灯盛果期树病毒病发生严重，坐果少或只开花不坐果，影响产量。

3. 果品商品化处理能力低

发达国家，甜樱桃采收后直接运送到包装公司进行冷水清洗预冷、烘干、分级、直接小包装后置标准箱内码于冷库或直接冷链运输至超市或批发零售市场，不再重新包装，中间环节少，损耗少；而我国多一家一户采摘后首先放在果园地头或带回家简单分级，之后运到产地市场再摊到地上进一步挑选分级，包装在没有透气孔的泡沫箱内或再放入大纸箱中，通过物流或一般货车发往销地批发市场，需再一次分装后进入超市或零星市场，环节多，不预冷，也无冷链，包装简单且不规范，损耗大，产品货架期短。合理的采后处理，可以减少损耗，延长鲜果市场供应期，提高鲜果消费量，还能够通过增加消费方式刺激消费，从而扩大市场容量和产业规模。采后技术还能够避免产量过剩时价格过度下跌。

4. 生产成本升高

果园土肥水管理、整形修剪、采收等用工成本快速增加，劳动强度大，机械化程度低。据报道，欧美发达国家每亩果树用工 25～

45 小时，而我国每亩用工高达 200 多个小时，2003 年我国劳动力每小时酬金约 2.2 元，每亩劳动力成本约 440 元，到 2013 年，每小时酬金高达 10.0 元，每亩劳动力成本上升至 2200 元。与欧美国家比较，差距在果园整齐度、标准化、规模化、机械化、自动化等方面。我国必须尽快研发轻简化管理技术体系，尤其注重果园管理标准化、机械化。同时肥料、农药、水电等成本也逐年提高，造成樱桃园生产成本加大。

5. 市场竞争压力增大

由于栽培面积的扩大，产量提高，市场竞争压力加大。我国甜樱桃市场，除 9 月下旬至 11 月上旬外，其他月份都有供应：3 中下月至 5 月上旬，辽宁大连日光温室和山东大棚樱桃上市，5 月上中旬至 7 月上旬，西安、枣庄、泰安、烟台、大连露地栽培甜樱桃先后上市，8～9 月份，北美西太平洋沿岸产区进口国内市场；11 月至翌年 2 月份，南半球智利、澳大利亚、新西兰生产的甜樱桃上市。国内市场主要集中在 5 月中下旬至 7 月上中旬，个大鲜艳的优质甜樱桃依旧价格俏销，关键是质量。樱桃素有"春果第一枝"的美誉，形象是"新鲜、美味、安全"，属于高档礼品果，也是果园观光、休闲、旅游采摘的先锋树种。无论是礼品果还是采摘果，都要求更高级别的果品质量。另外，樱桃的消费市场也有别于一般果品市场，对于高消费群体，对樱桃"新鲜、美味、安全"的关注远远超过了对价格的关注，只要果实个大、颜色深、糖度高，就有市场。所以，在樱桃市场销售压力逐步加大的今天，一定要努力采用新技术，增加果园投入，改善果园设施，更新品种结构，生产大果、甜果，提高市场竞争力。为确保消费者心目中樱桃是最安全果品的形象，在采收前决不使用任何农药，也不使用 PP_{333} 等生长调节剂。

6. 组织化程度低

目前，樱桃种植多数为家庭承包经营，种植规模小，市场风险大，流通困难，仅有部分加入专业合作社，另有少量公司加基地加农户模式，少有现代公司制企业模式。整个产业生产经营组织化程度不高。

（五）甜樱桃发展趋势

从产业布局上，我国甜樱桃发展趋势是优势区域集中发展与都市休闲农业零星种植相结合。目前我国甜樱桃优势产区是环渤海湾地区，西北、西南部分冷凉高地，主要是山东、辽宁大连、河北山海关、北京市、陕西西安、甘肃天水秦州区、四川汉源等。甜樱桃是时鲜水果，适宜春末夏初观光休闲采摘，各地纷纷举办"樱桃节"就是很好的例证，围绕城郊的零星种植也是都市农业的重要组成部分，如甜樱桃在北京、大连、烟台、西安，小樱桃在上海、杭州、成都等城市近郊，观光采摘市场火爆，种植效益高！

从种植制度上，由传统的一家一户种植分散管理向合作社、种植大户规模化集约化发展。目前甜樱桃生产普遍存在栽培技术水平不高，关键原因是栽培标准化技术体系问题，推行标准化管理是快速提高果园技术水平的最有效手段。建议大力推进标准化种植，提高整体技术水平，尽快解决缺株断垄、低产树、无效面积等问题。栽植方式由过去的大冠稀植向矮化密植发展，树冠由圆冠向扁冠、窄冠发展，宽行密株定植。矮化密植是指利用矮化技术、早实品种、矮化树形及修剪技术，使树体矮小、树冠紧凑、适于密植的一种现代化栽培体系，具有方便机械操作、早实性能好、采收容易和投资回报周期短等优点。目前，我国甜樱桃园多乔砧矮化密植栽培，进入结果期晚、盛果期后果园郁闭现象严重、果园管理比较困难、机械化程度低，已经不能满足现代产业发展的需求。利用矮化砧木进行宽行密株矮化栽培以其早果丰产、省力高效等优点成为国内外甜樱桃优质高效生产发展的重要趋势，核心是矮化砧木。

从栽培管理制度上，轻简化管理是大势所趋。利用矮化砧木进行矮化密植，早实丰产，省工省力；对标准化种植果园进行机械化、自动化管理，如机械喷药、叶面补肥，站在机械平台上进行修剪、采摘等，割草机除草；开沟机械深翻改土等，省工高效。土壤管理制度由清耕制向生草制发展，肥水管理实行水肥一体化，通过控水控肥来控制树体营养生长。大力提倡设施栽培，减轻晚霜等危害。

从市场上，果品必须进行商品化处理。目前我国生产的"甜樱桃"和国外进口的"车厘子"差别显著，实质都是甜樱桃，国产甜樱桃因没有预冷和冷链运输条件，包装水平低下，种植者只好早采上市，果个小、着色浅、糖度低，市场竞争力差，且损耗严重。

从生产经营组织化程度上，大力发展专业合作社和产业化经营，促进生产规模化和专业化水平，积极发展壮大龙头企业和专业合作社示范建设，重视市场和流通建设，稳步提高产量和增加收入，切实提高农业生产经营组织化程度，转变农业发展方式。

甜樱桃现代栽培总的趋势是矮化、标准化、机械化，核心技术是利用矮化砧木进行密植丰产栽培；选用优质大苗建园，"栽到地里就结果"；进行管道灌溉、营养诊断科学施肥、水肥一体化技术；修剪、喷药等果园管理机械化。

（六）甜樱桃发展建议

1. 科学选择建园地点，规划建园

甜樱桃喜温暖，不耐寒、不耐旱、不耐涝，怕大风、怕黏土和盐碱地，适宜的 pH 值为 6.0～7.5，适宜的年平均气温为 9～15℃，而且由于开花早，很容易受到早春晚霜的危害；高温干旱和高温高湿地区不适宜甜樱桃正常生长、开花、结实。山东气候属暖温带季风气候类型，降水集中，年降水一般在 500～900 毫米之间；年平均气温 11.2～14.4℃，除半岛地区外，鲁中南的济南、泰安、枣庄、临沂等地区年平均气温和 4 月份平均气温分别比烟台高 1～

3℃和3～5℃，适宜发展甜樱桃。规划建园时，还需要认真分析当地的小气候特点，依据不同的地形条件选建园址，要先试验，确认可行后再发展。果园建设要设计留足作业道、排水渠等，尤其是留足机械进出路线或设施栽培时支撑拉线位置等。果园内道路要简单硬化，最好铺设碎石即可，不要水泥硬化，方便将来恢复。

2. 推广硬肉型大果丰产品种

甜樱桃栽培，选择良种是关键。与美国、加拿大比较，我国主要的差距在于甜樱桃品种果实硬度小、多为软肉型，果实颜色浅、多为鲜红色，采收早、单果重小、含糖量低，货架期短等。为提高市场竞争力，满足消费者需求，新发展地区选择栽培品种要做到高起点，要求主栽品种为大果、硬肉、深红色、优质、广适型品种，以适应国际国内市场的要求。早熟或中早熟品种主要有"布鲁克斯"、"秦林"、"桑提娜"、"美早"、"早大果"、"明珠"等，中熟或中晚熟品种有"福星"、"鲁玉"、"黑珍珠"、"萨米脱"、"雷尼"、"彩玉"、"先锋"、"拉宾斯"、"艳阳"、"斯得拉"、"友谊"、"胜利"、"晚红珠"、"甜心"等。

3. 推广矮化密植早实标准化生产技术

目前，甜樱桃发展趋势是矮化密植，宽行密株，方便采收和机械化管理。利用矮化砧木和矮化树形进行矮化密植栽培，3年结果，5年丰产。砧木主要选用"吉塞拉5"、"吉塞拉6"、"考特"，矮化树形主要有纺锤形和丛枝形。采用优质大苗建园、果园生草、管道灌溉、配方施肥，标准化管理，省工省力，使甜樱桃生产由数量型向质量效益型转变。平地建园采用矮化砧吉塞拉砧木，定植密度（0.8～2.5)米×(3.5～4.50)米，适宜树形选用细长纺锤形、高纺锤形、超细主干形和直立主枝树形（UFO）。细长纺锤形整形，适宜株行距（1.5～2.5)米×4.5米，树高2.7～3.2米，干高50～60厘米，在中心干上均匀轮状着生20～30个侧分枝。丘陵山地栽培采用丛枝形，株行距（2～2.5)米×(4.5～5.0)米，干高30厘米，树高约2.5米，冠径3米左右，主干着生4～5个主枝，每主枝上着生侧分枝和结果枝组。

4. 推广设施栽培

利用简易日光温室、塑料大棚和避雨棚等设施，可以有效解决花期低温伤害、遇雨裂果和鸟害等问题，是甜樱桃安全优质生产的保障技术。促成栽培可提前上市抢占先机，使种植效益扩大，收益倍增。促成栽培包括塑料大棚和日光温室两种。避雨栽培提倡简易"三线式"防雨棚，脊高3.2米，侧高1.8～2.0米，覆盖材料采用大棚膜、编织袋或防雨绸等。为促进设施栽培发展建议采取政策扶持。可通过设立专项补助款、奖励、减免土地承包费和义务工以及补贴生产资料等扶持激励政策，鼓励当地发展设施栽培。

5. 预防病虫害

甜樱桃常见的病虫害包括流胶病、叶斑病、根癌病、果蝇、红颈天牛、叶蝉等，危害甜樱桃根系、枝干、叶片和果实，影响树体的生长发育、果实产量和品质。因此，要重视病虫害的防治。2013年早春气温偏低，樱桃的成熟期偏晚，导致樱桃果蝇的危害加重。对于病虫害问题，还要"以防为主"。如清除枯枝病果，减少病虫害积累；多施用有机肥，改善土壤环境，增强树势；及时进行夏季修剪，增加树体通风透光度；选用低毒、高效、低残留的农药防治有害生物。

6. 加强采后环节

适时采收是保证甜樱桃果实丰产丰收、提高品质的重要环节。采收过早，果实达不到应有的品质；采收过晚，则由于过熟而不耐运输，有些易裂果的品种过晚采收遇雨易裂果。目前，我国的甜樱桃产业只重栽培生产不重产后处理的现象十分普遍。产后处理还未真正起步，生产者采收樱桃，多数仅经过简单人工分拣后直接到市场销售，仅有部分收购商进行简单的冷藏处理，导致不耐运输、货架期短，商品果率低。采后清洗、预冷、分级、保鲜及冷链运输亟待加强。

二、现代栽培技术特征

果园现代栽培是继传统栽培之后的一个发展新阶段，它以现代科技和先进技术装备为支撑，在市场机制和政府综合调控的作用下，实现栽培标准化、生产集约化、管理机械化、果品商品化、效益多元化，运用现代管理方式管理的一个多元化的产业形态和多功能的产业体系。

生产调查看出，我国多数樱桃园目前尚不能做到科学规划发展，施肥、灌水、采收等更是依靠个人经验而非科学技术；突出表现在不能因地制宜选择砧木品种、接穗品种和授粉品种，栽培模式简单，果园郁闭，树形紊乱，果实采收早，果品质量差，亟待开展现代栽培，完善和改进现有栽培制度。

甜樱桃现代栽培技术特征如下。

（1）因地制宜选择砧木品种，接穗品种由盲目引种向适地适树转变，重点是良砧良种配套。

（2）栽培模式由大冠稀植向矮化密植转变，进一步由乔化密植向矮化密植转变，方便采收和管理，矮化密植核心是矮化砧木。

（3）定植方式转变为大苗宽行密株定植，宽行目的是方便机械作业，减少劳动力投入，密植目的是促进早期丰产。见图1-6。

（4）整形修剪，树形由大冠圆冠向窄冠扁冠发展，低干矮冠，如UFO树形呈一面墙式，方便机械管理和采收；树体结构更趋简化，枝的级次趋少；如高纺锤形等中心干上直接着生结果枝，促进早实丰产；修剪技术更趋简单，早期整形修剪由枝管理转向芽管理，重点是抹芽、促枝，修剪技术前期重视早开基角，当新梢生长

图 1-6 密株定植

至 20 厘米时利用牙签撑开基角，生长至 40 厘米左右时利用"开角器"开张角度；主、侧枝单轴延伸；由短截向缓放疏枝转变。见图 1-7。

图 1-7 整形修剪

（5）土壤管理由清耕制向生草覆盖转变；平原地区，起垄覆盖，行间自然生草和人工种草结合；山地丘陵，顺坡就势建园，减少台田、畦田，方便机械出入。

（6）施肥管理由经验施肥向精准施肥转变；提倡有机肥、专用肥、复合肥，肥水一体化使用。杜绝直接使用粪便肥料。

（7）水分管理由大水漫灌转变为渗灌、滴灌，由浇地向浇树转变；推广小沟快流技术；果园喷药向机械化转变；果园装备加强，大力提倡设施辅助栽培，防霜、防雨、防鸟等常用设备配套齐全。

第二章 适地适栽技术

俗语说"樱桃好吃树难栽",说的就是过去传统栽培过程中,由于不了解樱桃的习性,尤其不了解甜樱桃栽培品种对砧木、土壤、水分等的要求,没有因地制宜地选择砧木良种和管理技术,常常引起流胶、根茎腐烂等,造成死树现象,缺株断行,园相不整齐,病虫害严重,产量低。

甜樱桃是多年生果树,经济寿命可以达到 30～50 年,因此,栽培甜樱桃一定要充分了解甜樱桃本身的生长结果特点、对环境条件的要求,真正做到严格规划、适地适栽,确保树体生长健壮、避免造成无谓的浪费。

一、甜樱桃生长结果特点

(一) 生长特点

1. 根系

甜樱桃的根系依据所用砧木不同,可分为实生根系、茎源根系和根蘖根系三大类。实生根系由种子的胚根发育而来,一般主根发达,根系分布深广,生命力强,抗逆性强,但个体间往往有差别,易造成树体大小不一;东北山樱、中国樱桃和马哈利樱桃等多采取种子繁殖。茎源根系是指通过扦插、压条、组织培养获得的砧木具有的根系,由茎上的不定根发育而来,无主根,侧根多,垂直根不发达,水平根发育强健,须根量大,其根量比实生苗大,分布范围广,且有两层以上根系;采用无性繁殖,个体间的差异较小,建园后树体生长发育整齐;目前,大青叶多为压条繁殖,考特、吉塞拉等采取组织培养和扦插法繁殖。根蘖根系是指根段上或根茎附近的不定芽萌发长成根蘖苗的根系，特点类似于茎源根系，但往往不对称，缺点是生产栽培中经常萌发出根蘖苗给栽培管理带来不便，利用根蘖苗作砧木时，最好归圃1年；部分酸樱桃易产生根蘖苗，中国草樱也可采取分株繁殖。

砧木种类不同，根系的生长及结构不同。用中国樱桃为砧木时，须根发达，但根系分布浅，多集中分布在5~35厘米的土层中，固地性差，不抗风，易倒伏。相比而言，马哈利砧木主根发达，幼树时须根较多，根系主要分布在20~80厘米深的土层里；考特、吉塞拉砧木的苗木，侧根数量多。

土壤类型和管理水平对根系的生长也有明显的影响，沙壤土透气性好，土层深厚，管理水平高时，樱桃根量大，分布广；而土壤黏重，透气性差，土壤瘠薄，管理水平差，则根系不发达，根系分布范围小，进而影响地上部分的生长与结果。

2. 枝

（1）枝的类型　甜樱桃枝分为营养枝（发育枝）和结果枝两类。营养枝着生大量的叶芽，没有花芽。结果枝主要是着生花芽，也着生少量叶芽。营养枝形成树冠骨架和增加结果枝的数量，其中前部的芽抽枝展叶，扩大树冠，中后部的芽则抽生短枝和形成结果枝，结果枝的顶芽为叶芽，既可以连续抽生结果枝，也可萌发生长为营养枝。不同年龄时期，营养枝和结果枝的比例不同，幼树营养枝占优势；进入盛果期后，营养生长减弱，开花结果多，生长量减少，生长势减缓，叶芽、花芽并存。结果枝按长短和特点分为长果枝、中果枝、短果枝和花束状果枝。

（2）长果枝　一般长15~30厘米，除顶芽及邻近几个侧芽为叶芽外，其余均为花芽。结果后中下部光秃，只有上部叶芽继续抽生果枝。长果枝在初果期树上比例较大；盛果期以后，长果枝的比例减少，长果枝的顶芽继续延伸，可抽生长果枝、中果枝，附近的几个侧芽易抽生中、短果枝；早大果、红灯等品种长果枝比例较高，雷尼、拉宾斯、先锋的长果枝比例较低。见图2-1。

图 2-1　长果枝、中果枝、短果枝、花束状果枝

（3）中果枝　长5～15厘米，顶芽为叶芽，侧芽均为花芽。中果枝一般着生在二年生枝的中上部，数量较少，不是甜樱桃的主要结果枝类。见图2-1。

（4）短果枝　长5厘米左右，顶芽为叶芽，侧芽均为花芽。短果枝一般着生在二年生枝的中下部，数量较多，花芽质量高，坐果能力强，果实品质好，是甜樱桃结果的重要枝类。见图2-1。

（5）花束状果枝　长度在1～1.5厘米，年生长量很小，顶芽为叶芽，侧芽均为花芽。节间极短，花芽密集簇生，是甜樱桃盛果期最主要的结果枝类，花芽质量好，坐果率高。花束状果枝一般可连续结果7～10年，在管理水平较高、树体发育较好的情况下，连续结果年限可维持20年以上。但管理不当、上强下弱或枝条密集、通风透光不良时，内膛及树冠下部的花束状果枝容易枯死，致使结果部位外移。见图2-2。

(a)

(b)

(c)

图2-2　花束状果枝

几类果枝的比例因品种、树龄、树势而不同。初果期和强旺树中长果枝比例较大，盛果期以后及树势偏弱时短果枝和花束状果枝比例大。随着管理水平和栽培措施的改变，甜樱桃各类果枝之间可以互相转化。红灯、萨米脱、宾库、雷尼等甜樱桃品种以花束状果枝和短果枝结果为主；而早大果、红蜜等以中短果枝结果为主。

（6）生长发育特性　同一株甜樱桃树，一般是先花后叶，花芽较叶芽先萌动或同期。叶芽萌动后有一个短暂的新梢生长期，可长成 6～7 片叶、6～8 厘米长的叶簇新梢。进入花期时新梢生长缓慢，甚至停长。谢花后，与果实第一次速长同时进入速长期；果实进入硬核期，新梢生长转缓。硬核期后果实发育进入第二次速长期，新梢生长缓慢，或停顿不长。采收后，新梢有 10 天左右的速长期。幼旺树新梢的生长较为旺盛，第一次生长期时间较长，进入雨季有第二次甚至第三次生长。新梢的生长与果实的发育一般交叉进行，此消彼长。

3. 芽

按着生位置不同，甜樱桃的芽分为顶芽和侧芽（腋芽）。按抽枝展叶或开花结果的状况划分，分为花芽和叶芽。顶芽都是叶芽，侧芽有的是叶芽，有的是花芽，因树龄和枝的生长势不同而异。花芽肥圆，呈尖卵圆形；叶芽瘦长，呈尖圆锥形。幼树或旺树上的侧芽多为叶芽，成龄树和生长中庸或偏弱枝上的侧芽多为花芽。一般中短枝下部 5～7 个侧芽多为花芽，上部侧芽多为叶芽。花芽是纯花芽，每花芽开 1～5 朵花，多数为 2～3 朵。甜樱桃的侧芽都是单芽，短截修剪时，剪口必须留在叶芽上。剪口留花芽，果实发育较差，结果后形成干桩。

甜樱桃具有潜伏芽，也叫隐芽，是侧芽的一种，由副芽或牙鳞、过渡叶叶腋中的瘦芽发育而来。潜伏芽的寿命较长，20～30 年生的大树，当主干或大枝受损或受到刺激时，潜伏芽可萌发形成新枝条。春季刚定植的苗木定干后，上部的主芽被碰掉后，副芽（隐芽）可萌发抽枝。

芽的生长发育特性：甜樱桃萌芽力较强。一年生枝上的芽，除基部几个发育程度较差外几乎全部萌芽，易形成一串短枝，是结果的基础。甜樱桃成枝力较弱，甜樱桃剪口下一般抽生 3～5 个中长发育枝，其余为短枝或叶丛枝，基部极少数芽不萌发而变成潜伏芽

（隐芽）。甜樱桃萌芽力和成枝力在不同品种和不同年龄时期也有差异。幼龄期萌芽力和成枝力较强，进入结果期后逐渐减弱；盛果期后的老树，往往抽不出中长发育枝。甜樱桃新梢于10～15厘米时摘心，可抽生1～2个中短枝（基部几个芽眼易形成腋花芽）。在营养条件较好时，叶丛枝当年可以形成花芽。可以通过夏季摘心控制树冠，调整枝类组成，培养结果枝组。

甜樱桃花芽是纯花芽，伞状花序上通常着生2～5朵花。

4. 叶

甜樱桃叶片为长椭圆形、长圆形、卵圆形等，浓绿有光泽。叶基腺体大而明显，色泽常与果实色泽相关；叶片较大，纵径多数在14厘米左右，最长可达20厘米以上，横径7～8厘米。叶片从伸出芽外至最大约需1周的时间。叶片展到最大以后功能并未达到最强，此时从叶片外观上看比较柔嫩、叶薄，色嫩绿至浅绿，叶肉结构尚不完善，叶绿素含量低。再经过5～7天，叶片内部结构进一步完善，叶绿素含量增加，叶表的角质层和蜡质层也发育完善，此时叶片从外观上看颜色变深绿而富有光泽，较厚，有弹性，功能达到最强，称为"亮叶期"或"转色期"。至落叶前，若无病虫为害，叶片的功能可在数月的时间里保持较高的稳定水平，利于树体的光合养分积累。新梢先端1～3片叶转色进程快慢和转色水平高低是植株体内养分供应水平的直接反映，是衡量土肥水管理水平高低的指标之一。新梢先端1～3片叶转色快、叶厚而亮、弹性好，说明植株养分供应充足而均衡。若转色过快而叶色过于深绿，叶小而硬脆，缺乏弹性，往往是氮素缺乏的表现；相反，若新梢先端1～3片叶转色进程较缓慢，叶大色浅，薄而软，无弹性，则往往是氮肥过多、植株碳素营养水平低下的表现，这样的树往往不易形成花芽，植株旺长，产量低。

甜樱桃园群体叶面积的增长是随各类枝条的生长而进行的，每一类枝停长时均有一次叶面积稳定建成时期。甜樱桃丰产园的叶面积指数以 2～2.6 为宜。叶面积指数过高，通风透光条件差，树冠内膛和下部出现"寄生叶"，小枝易枯死，造成内膛光秃。叶面积指数过低，果园群体光合面积不够，难以获得高产。

甜樱桃落叶在霜打后进行，生长中庸健壮的树上的叶，尤其中短枝和叶丛枝上的叶经 1～2 次霜后，可以正常脱落，养分回流，而强旺树和强旺枝上的叶，经几次霜后亦不能正常脱落，往往冻干在枝上，风吹方可脱落，有时是风吹断叶柄、叶片脱落而叶柄尚附着在枝上，深冬至冬末春初方脱落，这样的叶片养分回流不充分，这类枝易发生越冬抽条。

（二）结果特性

1. 花芽分化

甜樱桃花芽分化的特点：一是分化时间早；二是分化时期集中；三是分化速度快。甜樱桃花芽分化在完成生理分化期后便进入形态分化期，依次为始分化期、花蕾原基分化期、花萼原基分化期、花瓣原基分化期、雄蕊原基分化期和雌蕊原基分化期。不同原基形态分化期持续的时间也不同，以始分化期持续时间最长。

甜樱桃花芽分化一般集中在 6 月下旬至 7 月上旬。生理分化期大致在硬核期，花束状果枝和短果枝上的花芽就开始分化。此时，从外观上看，这两类枝的侧芽均明显膨大，新生鳞片色白，芽体饱满圆整。果实采收后，中长果枝的侧芽开始花芽分化，整个分化期需 40～50 天，一直持续到 7 月中旬。分化时期的早晚，与果枝类型、树龄、品种等有关。花束状果枝和短果枝比长果枝早，成龄树比幼树早，早熟品种比晚熟品种早。据此特点，要求采后及时施肥浇水，增强根系活力，促进叶光合功能，为花芽分化提供物质保证。忽视采后管理，则减少花芽的数量，降低花芽的质量，增加雌蕊败育花的比例。

2. 开花与结果

甜樱桃每个花芽发育成 1 个花序，每个花序可有 1～5 朵花，花一般有四种类型：雌蕊高于雄蕊、雌蕊雄蕊等长、雌蕊低于雄蕊、缺少雌蕊；前两种可以正常坐果，后两种不能坐果，为无效花。

甜樱桃对温度反应较为敏感。春季日平均气温 10℃ 左右时，花芽开始萌动（泰安 3 月中下旬）。日平均温度 15℃ 左右始花（泰安 3 月底至 4 月初），花期 7～14 天，长时达 20 天，品种间相差 5～7 天。由于甜樱桃花期早，常遇晚霜的危害，严重年份可造成绝产，花期要注意采取防霜冻措施。

甜樱桃的花在夜间至凌晨开放，开后 2～4 天柱头黏性最强，为最佳授粉时期。甜樱桃的大部分品种自花不实。单栽一个品种或混栽几个不亲和的品种，往往只开花不结实。建立甜樱桃园，要特别注意搭配授粉品种，并进行花期放蜂或人工授粉。甜樱桃的花粉落到柱头上以后 2～3 天，花粉管就能进入花柱，再经 2～4 天花粉管就到达胚珠，然后将从珠孔经过珠心进入胚囊，完成受精。4℃ 以下的低温严重影响受精过程，导致不能坐果。

甜樱桃落花一般有 2 次，第一次在花后 2～3 天，脱落的是发育畸形、先天不足的花。这次落花与植株营养水平密切相关，凡是栽培管理水平高，植株营养贮备充足，落花就轻。第二次在花后 1 周左右，脱落的主要原因是未能受精的花。花期天气条件恶劣，刮风、下雨、有雾、低温或没有授粉树的情况下，此次落花较重。

3. 自交不亲和性

甜樱桃在受精前有一个授粉过程，其授粉方式分为两类：自花授粉和异花授粉。甜樱桃大多数品种为异花授粉，具有自交不亲和性。需要说明的是，不是所有异花品种间授粉都是亲和的，S-基因型相同的两个品种之间相互授粉不亲和，也称异交不亲和。甜樱桃部分品种自花授粉后能结实，并能满足生产上对产量的要求，叫自花结实，这种自花授粉能结实的现象叫自交亲和性，如斯得拉、拉宾斯、桑提娜、艳阳、甜心等。

4. 果实的生长发育

甜樱桃果实生育期较短，早熟品种，如早红宝石只有 30 天左右，红灯约 45 天，中熟品种，如先锋，55～60 天，晚熟品种，甜心约 75 天，目前已培育出比甜心还要晚熟 2 周的品种，如 SPC103（Sentennial）。甜樱桃果实发育分为三个阶段。第一阶段从坐果到硬核前，为果实的第一速长期，10～15 天，果柄纤维管发育完善，子房细胞分裂旺盛，果实迅速膨大，果核增长至果实成熟时的大小，呈白色，未木质化，胚乳发育迅速，呈液态胶冻状；第二阶段为硬核期，果实纵横径增长不明显，果色深绿，果核由白色逐渐木质化为褐色并硬化，胚乳逐渐被胚的发育吸收消耗，此期需保证平稳的水肥供应，干旱、水涝均易引起大量落果；第三阶段自硬核后到果实成熟，果实的第二次速长期，果实细胞迅速膨大并开始着色，直至成熟。果实完全着色成熟后，不同品种在树上的挂果时间有较大差异。硬肉的早大果、胜利、友谊等可以挂果 2 周以上，果实不软不烂，遇雨很少裂果。而软肉品种则不具备这个特点。

同一地区同一品种成熟期比较一致，成熟后要及时采收，防止裂果。成熟期的果实遇雨容易裂果腐烂，要注意调节土壤含水量，防止干湿变化剧烈。

甜樱桃落果一般有 2 次，第一次在花后 2 周左右，此次脱落的主要原因是受精不良或胚早期发育不良的结果，脱落的幼果没有胚，只有一层干缩成片的种皮。第二次在硬核期后，主要是营养竞争所致，此次脱落的幼果果壳硬化程度较高，胚发育正常。此时期因没有及时控制营养生长，使幼果在水分、养分竞争上处于劣势地位。2 次落果有时同时进行，不易严格区分。

5. 物候期

参照中国农业科学院郑州果树研究所主持编写的《樱桃种质资源描述规范和数据标准》，主要物候期如下。

（1）萌芽期　春季时，随着气温升高，甜樱桃的芽体开始膨大，叶芽鳞片裂开，顶端露出叶尖，此时进入萌芽期。采用目测法，观察 2 株以上的整个植株，5％叶芽鳞片裂开，顶端露出叶尖的时间。以"年月日"表示，格式为"YYYYMMDD"。萌芽期通常分为芽膨大期和芽露绿期。此时是春季修剪时期，也是刻芽的最佳时机。这个时期在农业上是一个重要的管理时期，喷布石硫合剂通常也在这个时期进行。

（2）开花期　从花芽鳞片裂开至落花期称为开花期。通常分为 5 个时期：露萼期（鳞片裂开，花萼顶部露出）、露瓣期（花萼裂开，露出花瓣）、始花期（5％的花完全开放）、盛花期（25％的花完全开放）和落花期（75％花瓣变色，开始落瓣）。

（3）始花期　于大蕾期，采用目测法，观察 2 株以上的整个植株，5％的花完全开放的时间。以"年月日"表示，格式为"YYYYMMDD"。

（4）盛花期　于开花期，采用目测法，观察 2 株以上的整个植株，25％花完全开放的时间。以"年月日"表示，格式为"YYYYMMDD"。

（5）末花期　于开花期，采用目测法，观察 2 株以上的整个植株，75％花瓣变色，开始落瓣的时间。以"年月日"表示，格式为"YYYYMMDD"。

（6）果实开始着色期　于落花后 20 天开始，采用目测法，观察 2 株以上整个植株的果实，有 5％的果实开始着红色或黄色的时期，以"年月日"表示，格式为"YYYYMMDD"。

（7）果实成熟期　于果实成熟期，采用目测法，观察2株以上正常生长植株，以50%的果实达到食用成熟度为标准，以"年月日"表示，格式为"YYYYMMDD"。

（8）果实生育期　计算盛花期到果实成熟期的天数。精确到1天，分类为极短＜35天；短35～45天；中45～55天；长55～65天；极长≥65天。

（9）落叶期　于落叶期，采用目测法，观察整个植株，全株95%的叶片自然脱落的时间，以"年月日"表示，格式为"YYYYMMDD"。

（10）营养生育期　计算自萌芽期至落叶期的天数，单位：天，精确到1天。

二、甜樱桃对环境条件要求

（一）光照

甜樱桃喜光性强，全年日照时间要求在2600～2800小时，适宜的日照百分率为60%左右，太阳总辐射为469.8焦耳/平方厘米左右。光照强弱影响甜樱桃花粉萌发和坐果，甜樱桃开花期的光照强度降低到自然光照的27.9%时，花粉发芽率由78.6%下降为72.1%；开花至果实发育期间的光照也明显影响坐果率。

光照对甜樱桃生长发育尤为重要，光照条件好，甜樱桃树体生长发育健壮，果枝寿命长，树膛内外结果均匀，花芽充实，花粉发芽力强，坐果率高，果实成熟早、着色好、品质佳。光照不足，树体生长发育弱，树冠外围枝梢易徒长，冠内枝条衰弱，内膛枝组易枯死，叶片黄化脱落，果枝寿命短，结果部位外移，花芽发育不良，花粉发芽率低，坐果少，果实成熟晚，果品质量下降，着色不好，硬度差，可溶性固形物减少，成熟期延后。

（二）温度

1. 适宜温度

温度是制约甜樱桃生长发育的关键因素，在特定的温度条件下甜樱桃才能正常生长、开花和结果。甜樱桃适于生长在年平均气温10～12℃的地区，要求日平均气温高于10℃的时间为150～200天。甜樱桃要求萌芽期平均气温7℃以上，最适宜的温度是10℃左右；开花期平均气温12℃以上，最适气温15℃左右，果实发育期和成熟期适宜平均气温为20℃左右。果实发育期间平均气温的高低，对果实的发育速度、果实大小和果实品质等都有显著的影响。甜樱桃从谢花后到果实成熟，要求有效积温（日平均气温高于10℃的温度）为200～300℃。E. Lucos对甜樱桃不同生长期的适宜温度进行了总结，见表2-1。

表 2-1　甜樱桃生长期的适宜温度

物候期	适宜温度/℃	
	白天	夜间
萌芽后第一周	7.5～3.6	2.5～5.0
萌芽后第二周	1.0～7.5	3.8～6.3
萌芽后第三周	10.0～12.5	6.3～8.6
萌芽后第四周	12.5～15.0	8.6～11.3
开花前	15.0～17.5	10.0～12.5
开花期	10.0～12.5	6.3～8.6
谢花期	16.3～18.6	13.0～15.0
核硬化期	13.6～15.6	10.0～12.5
果实着色期	16.3～18.6	15.0～17.5
果实成熟期	20.0～22.5	15.0～17.5

2. 低温伤害

甜樱桃不耐低温，易遭受低温伤害。甜樱桃冬季发生冻害的临界温度为－20℃左右，－26～－29℃时则造成大量死树。不同生育期、不同器官和组织的冻害临界温度有明显差异，甜樱桃花蕾着色期冻害临界温度为−5.5～−1.7℃，在−3℃持续 4 小时大部分花蕾会受冻，幼果期的冻害临界温度为−2.8℃。Webster A.D. 对美国华盛顿州 Prosser 地区的宾库甜樱桃花芽的平均冻害温度进行了调查（表 2-2），结果表明，花芽发育后期比早期更易遭受低温伤害，花芽休眠期抗低温伤害的能力最强。花期遇到−2.1～−11.1℃低温，10％的花芽将被致死。导致花芽膨大期、芽尖吐绿期、花蕾分离期、初花期、盛花期、落花期 50％的花芽致死的温度分别为−14.3℃、−5.9℃、−4.2℃、−3.4℃、−3.2℃和−2.7℃；导致花芽膨大期、芽尖吐绿期、花蕾分离期、初花期、盛花期、落花期 90％的花芽致死的温度分别为−17.2℃、−10.3℃、−6.2℃、−4.1℃、−3.9℃和−3.6℃。

表 2-2 美国华盛顿州"宾库"甜樱桃花芽的平均冻害温度

单位：℃

花芽发育期	10％致死温度	50％致死温度	90％致死温度
休眠期	−35～−14.3(年份不同,差异很大)		
花芽膨大期	−11.1	−14.3	−17.2
花芽侧见绿	−5.8	−9.9	−13.4
芽尖吐绿	−3.7	−5.9	−10.3
花蕾接触	−3.1	−4.3	−7.9
花蕾分离	−2.7	−4.2	−6.2
第一次白花期	−2.7	−3.6	−4.9
初花期	−2.8	−3.4	−4.1
盛花期	−2.4	−3.2	−3.9
落花期	−2.1	−2.7	−3.6

冬季温度过低会造成甜樱桃树干和根部冻害。冬季气温在−18～−20℃时甜樱桃即发生冻害，在−25℃时，可造成树干冻裂，大枝死亡。甜樱桃的根系在晚秋地温−8℃以下、冬季−10℃以下、早春

−7℃以下的情况下，也会遭受冻害。可以把极端最低气温−15～−18℃的地区，作为樱桃种植适宜区的北界，极端最低气温−18～−23℃的地区作为次适宜区。在次适宜区可能在部分年份遭遇冻害，需要对大树进行防护，−23℃是甜樱桃露地栽培的北界，在这些地区建议种植酸樱桃以及杂种樱桃。

3. 高温伤害

温度过高同样会对甜樱桃树体造成伤害。高温危害的影响程度往往因水分和空气湿度不同而异。生长季高温高湿易造成徒长，引起果园郁闭；高温干旱，易使叶片早衰，植株生长发育不良，产生大量畸形花，来年形成畸形果。果实发育期间温度过高，往往果实不能充分发育，造成"高温逼熟"，成熟期提前，果个小，肉薄味酸，果实品质差，造成大幅度减产。高温地区也易使树体寿命缩短。另外，温度对甜樱桃裂果也存在较大影响，温度影响细胞壁渗透性能和细胞生理代谢过程，当温度从 10℃增长到 40℃时裂果率呈线性增长趋势。同时，果实成熟前期温度不适宜，过高或过低均可导致果皮细胞老化并停止生长，当温度恢复后果肉细胞生长较快，会使老化的果皮胀裂，造成裂果。

4. 需冷量

温度对甜樱桃生长影响的另一个重要因素就是需冷量。在甜樱桃设施栽培、适栽区域划分及引种栽培过程中，首先要确定所栽培品种的需冷量，以适应当地的气候和环境条件，避免栽培中因需冷量不足而造成的经济损失。

甜樱桃在休眠期间，要求经过一定时间的低温，达到一定的需冷量，第二年才能正常地萌芽、开花和坐果。若需冷量不足，植株不能正常完成自然休眠的全过程，即使给予适宜的生长条件，也不能适时萌芽，或萌芽不整齐，甚至引起花器官畸形或严重败育，导致产量和品质下降。同时，甜樱桃易遭受低温伤害，近年来，随着甜樱桃矮化密植栽培技术的发展、设施材料的改进和市场经济体制的确立，我国甜樱桃设施栽培发展较快，发展前景十分广阔。在对甜樱桃进行设施栽培时最重要的也是要明确不同甜樱桃品种的需冷量，从而确定扣棚升温时间。若升温时间过早，需冷量不足，同样会导致萌芽率低、坐果率低，造成低产甚至绝产。因此确定甜樱桃的需冷量，明确扣棚升温时间，在确保达到甜樱桃所需的需冷量的前提下，及时升温扣棚，避免低温伤害，使甜樱桃尽量提早开花，提前上市，以获得较高的经济效益，这是甜樱桃设施生产者首要关注的问题。需冷量也是我国甜樱桃区域划分及南方地区引种栽培的重要依据。若引种地区达不到甜樱桃所需的需冷量，则会坐果率低，甚至不坐果，造成低产甚至绝产。

目前，我国对需冷量的评价模式不一，以至于报道的同一品种的需冷量值也存在差异，影响甜樱桃保护地栽培、引种栽培和适栽区域划分的开展。当前对需冷量的评价模型主要有四种：≤7.2℃模型、0~7.2℃模型、0~9.8℃模型和犹他模型。

7.2℃模型：是以秋季日平均温度稳定通过7.2℃的日期为有效低温累积的起点，以打破自然休眠所需7.2℃或以下的累积低温值为品种的需冷量。0~7.2℃模型：以秋季日平均温度稳定通过7.2℃的日期为有效低温累积的起点，以打破休眠所需0~7.2℃的累积低温值为品种的需冷量。0~9.8℃模型：以秋季日平均温度稳定通过7.2℃的日期为有效低温累积的起点，以打破休眠所需0~9.8℃的累积低温值为品种的需冷量。犹他模型（又称Utah模型）：该模型规定对破眠效率最高的最适冷温1个小时为一个冷温单位，而偏离适期适温的对破眠效率下降甚至具有负作用的温度其冷温单位小于1或为负值。以秋季负累积低温达到最大值时的日期为有效低温的起点，不同温度范围的加权效应值不同，单位为C.U.。不同温度的加权效应值不同（即不同温度对需冷量积累的贡献大小不同）：2.5～9.1℃打破休眠最有效，该温度范围内1小时为一个冷温单位（C.U）；1.5～2.4℃及9.2～12.4℃只有半效作用，该温度范围内1小时相当于0.5个冷温单位；低于1.4℃或12.5～15.9℃之间则无效；16～18℃低温效应被部分抵消，该温度范围内1小时相当于－0.5个冷温单位；18.1～21℃低温效应被完全抵消，该温度范围内1小时相当于－1个冷温单位；21.1～23℃温度范围内1小时相当于－2个冷温单位。只有当积累的冷温单位之和达到或超过最低需冷量时数，才能解除休眠，才能进行促成栽培。

目前对以上几种需冷量评估模型的评估效果存在争议。王力荣等认为任何0℃以下的低温对打破休眠都无效，一般所说的7.2℃或以下累积低温是指0～7.2℃的累积低温。沈元月则认为7.2℃以下低温效果都一样的方法与事实不符，这种标准也未考虑大于7.2℃的温度效果，与自然条件及生物体的多种适应性是不符合的。Erez试验表明，18℃以上才表现高温的负效应，而昼夜周期中高温为16℃对于打破休眠甚至有积极作用，所以犹他模型中对16～18℃用－0.5这个值似乎不妥。虽然犹他模型比0～7.2℃模型注意到了有效温度的效果变化，更符合实际，但不同树种、品种有差异；犹他模型只能有效预测高和中需冷量品种休眠的结束，不能有效预测低需冷量品种休眠的结束；并且犹他模型在暖冬或低纬度地区不适用。因此，犹他模型还需进一步研究和完善。刘晓娟分别采用四种低温量测定标准对甘肃乌克兰甜樱桃系列品种越冬所需的低温需求量进行了估算。结果表明，7.2℃低温标准和犹他模型偏差较大，0～7.2℃和0～9.8℃低温标准能够较好地反映各品种的需冷量；采用0～7.2℃和0～9.8℃低温标准测定各品种的需冷量在700～800C.U之间。

目前，对甜樱桃不同品种确切的需冷量值尚不完全明确，采用不同评估模型测定的需冷量数值相差较大。高东升等以犹他模型测定了甜樱桃不同品种的需冷量，结果表明红灯、那翁、大紫、红艳、抉择、早红宝石、乌梅极早、极佳的花芽需冷量分别为1190小时、1240小时、1150小时、1100小时、970小时、910小时、990小时和1100小时，其叶芽需冷量分别为1190小时、1240小时、1100小时、1100小时、970小时、900小时、950小时和990小时，需冷量均在1000小时左右，数值较大。郑州果树所研究表明，大部分樱桃种质的0～7.2℃需冷量叶芽大于花芽，樱桃需冷量范围约为400～1500小时，甜樱桃多数品种需冷量为700～1200小时，红灯、伯莱特等少数品种的需冷量为600多小时。刘晓娟对甜樱桃乌克兰系列品种的需冷量测定结果见表2-3，由表可见这几种甜樱桃的需冷量花芽略大于叶芽，与郑州果树所的研究相悖。采用7.2℃模型所测的需冷量值最大，采用犹他模型所测得需冷量值最小。在0～7.2℃标准下奇好、早大果、胜利、宇宙和友谊的需冷量分别为743.5小时、748小时、648小时、777小时和718小时。

表 2-3　不同评估模式下乌克兰甜樱桃需冷量（C.U）

单位：小时

评估模型标准		奇好	早大果	胜利	宇宙	友谊
叶芽	7.2℃标准	1390	1438	1202	1630	1246
	0～7.2℃标准	743.5	748	684	777	718
	0～9.8℃标准	815.5	820	765.5	849	790
	犹他模型	515	515	495	517	508
花芽	7.2℃标准	1438	1534	1246	1630	1342
	0～7.2℃标准	748	767	718	777	739
	0～9.8℃标准	820	839	790	849	811
	犹他模型	515	525	509	517	515

采用0～7.2℃标准，对甜樱桃主栽品种拉宾斯、雷尼、龙冠、

萨米脱、红艳等进行需冷量测定，方法为于 10 月中旬分别从每品种上采集枝条，将所采枝条剪成 15 厘米长的枝段，枝段两端蜡封，用薄膜密封包好后，在 3.0℃ 低温下进行处理。测定结果表明佳红、巨红、先锋、5-106、布鲁克斯、斯坦勒、拉宾斯、早丹、彩虹的需冷量在 600 小时以下，雷尼、龙冠、萨米脱、佐藤锦的需冷量在 600～800 小时之间，大部分原产在寒冷地区（乌克兰、俄罗斯等地区）品种的需冷量大都在 1000 小时以上。智利学者报道，采用 0～7.2℃ 标准，对甜樱桃主栽品种需冷量进行测定，所采用的低温处理温度为 6℃，测量结果表明先锋、布鲁克斯、拉宾斯的需冷量在 720 小时以上，新星、布莱特的需冷量在 720～960 小时，宾库的需冷量在 1200 小时以上。

可见在同一需冷量评估标准下，需冷量值因采用的低温处理温度不同而异，一般而言，适合甜樱桃需冷量低温处理的最有效温度为 5.5℃，但品种间略有差异，如适合斯得拉和艳阳需冷量低温处理的最有效温度为 3.2℃，萨米脱为 3.7℃。

综上所述，在设施栽培条件下，为了尽快提早开花，果品提早上市，以选择低需冷量并且果实发育期短的优良品种为宜。在甜樱桃区划研究和引种栽培时，要选择能满足特定甜樱桃品种需冷量的地区进行区域划分和引种栽培，避免区域划分和引种栽培失败。

（三）水分

甜樱桃对水分状况十分敏感，既不抗旱，又不耐涝，需要较湿润的气候条件。土壤缺水或水分过多都会产生不良影响。大多数品种以年降水量为 500～800 毫米较为适宜。土壤含水量降到 7％ 时，叶片会发生萎蔫现象；土壤含水量下降到 10％，地上部分停止生长；土壤含水量下降到 11％～12％ 时，果实发育期会造成大量落果，叶柄与枝条形成离层，出现落叶；在田间持水量达到饱和持续

48 小时情况下，易造成涝害、沤根或者死树。年降水低于 500 毫米，又没有灌溉条件，将无法保证樱桃对水分的需求，影响生长发育。降水过多，如果园内排水不良，则容易引起涝害。果实成熟和膨大期降水过多，会引起裂果。同时，因甜樱桃喜光性强，降水量过多的阴雨天气会导致光照不足，影响树体发育。

干旱影响苗木栽植成活率、幼树生长速度和结果早晚。栽植后第 1 年要多浇水，每隔 10 天左右浇 1 次水，成活率可达 95% 以上。当年生枝条生长达 80～100 厘米，扩冠快，结果早。干旱或浇水少，成活率低，幼树叶片萎蔫早衰，光合效能降低，枝条生长量小，结果晚，容易形成"小老树"。干旱能导致果实生长发育不良，引起大量果实脱落，这个时期是甜樱桃果实需水临界期，要注意防旱。

甜樱桃根系对水分很敏感。降水或浇水过多，排水不良，易造成土壤缺氧，根系呼吸不畅，使根系生长不良，严重者造成根系死亡、根茎腐烂、树干流胶，引起死枝甚至整株死亡。因此，土壤管理和水分管理，要为根系创造既保水又透气的土壤环境，多雨季节注意排水。

在果实开始着色时，若水分变化激烈，易引起果实裂口。尤其是果实发育期前期干旱，后期突遇降水或浇水过多，往往造成果实裂口。保持土壤适宜的含水量，避免土壤水分忽高忽低，可防止或减轻裂果。

甜樱桃园址应选在降水量适中的地区和有排灌条件的地块。降水量小的干旱地区，樱桃园必须有灌溉条件。一般而言有灌溉条件的地方都能种植甜樱桃。

另外水分对甜樱桃生长结果的另一个重要影响就是容易引起裂果，造成品质下降，产量降低，水分供应不稳定是导致甜樱桃裂果的直接和最主要的原因。降雨和不适时灌水是引起水分变化的主要因素，两者均可造成土壤中水分不均衡和果实表面水分剧变，引发裂果。果实生长前期土壤过分干旱，进入成熟期或近成熟期后，连续降水或遇暴雨，或过量灌水，土壤含水量急剧增加，果实短时间快速生长，当果实内部的生长速度超过果皮的生长速度时，诱发裂果。空气湿度过大，也会引发裂果。空气中的水汽、附在果实表面的水分、土壤中的水分等均可以诱发裂果。据 Beyer 报道果实表皮或角质层直接吸收水分是导致裂果的直接原因。水分通过外果皮和维管系统两种途径进入中果皮后，导致体积膨胀产生膨压，当膨压超过了果实的伸缩限度，导致裂果。细胞膜作为选择性渗透膜，是发生这一过程的先决条件。树体其他部位（枝条、叶片等）吸收水分均可加重裂果程度。通过维管系统吸收水分通常不被认为是诱导裂果的主要原因。

研究表明当果实表面水分增加时，水分渗透进入角质层，导致角质层与表皮细胞壁分离，当进一步吸水，内皮层细胞壁膨大并脱离下皮层细胞，同时表皮细胞的细胞壁降解，表皮细胞凋亡，最后在表皮细胞壁膨大区域产生肉眼不可见的微裂纹，微裂纹的产生不仅破坏了果皮结构，而且还将成为果实进一步吸水的主要途径，之后将导致微裂纹继续开裂，最终造成肉眼可见的裂口。水分对裂果的影响较为复杂，大量学者也因此开展了果实结构与水分运输方面的研究，但目前尚未形成统一的定论，需进一步研究。针对由水分剧变引起的甜樱桃裂果现象，建议加强水肥管理，平时要勤浇少浇，避免一次性大量灌水，防止久旱后浇水过多，保证土壤水分供应稳定；雨后要及时排水，避免土壤湿度变化剧烈，可促进根系生长良好，缓冲土壤水分的剧烈变化，减轻裂果。建议甜樱桃栽培在降雨量不超过 800 毫米的地区，且具有良好的排灌系统，避免裂果。

（四）土壤

土壤是甜樱桃树体生长发育的基础条件，园址的土壤状况对甜樱桃的生产效益影响很大。甜樱桃适生于土层深厚的壤土、沙壤土和山地砾质壤土上，要求活土层厚度应在 1 米左右，土壤有机质不低于 1%，土质疏松、透气良好、保水性较强。适宜甜樱桃生长的土壤 pH 值为 6.0～7.5。甜樱桃对盐碱反应敏感，土壤含盐量超过 0.1% 的地方，生长结果不良，不宜栽培。在地下水位过高或透水性不良的土壤中生长不良，一般雨季最高地下水位不应高于 80～100 厘米，在排水不良或黏重土壤上栽培，表现树体生长弱，根系分布浅，既不抗旱涝又不抗风。土壤中交换性钙、镁和钾离子对甜樱桃的生长发育影响较大，在交换性钙、镁较多，氧化镁与氧化钾比率较高的土壤中生长良好。淋溶黑钙土的土壤断面中不含有害盐类，是甜樱桃高产栽培理想的土壤。普通黑钙土有丰富的腐殖质层，碱的盐渍化程度很弱，吸收能力很高，土壤疏松，土质肥沃，理化性状良好，适宜甜樱桃生长。另外，要对土壤中的砷、铅、汞等有毒物质要进行检测，其残留量要符合国家生产无公害果品的标准要求，超标土壤不宜建园，否则将难以生产安全优质果品。甜樱桃对重茬较敏感，易患根癌病。在种植过樱桃、桃、杏、李的老果园，未经 3 年以上闲置或轮作，土壤也没有进行防治连作障碍的药剂处理，不宜建园或育苗。

甜樱桃保护地栽培生产集约化程度高，对地势、土壤条件要求更高。因此，要选择自然温度高、背风向阳、土层深厚、质地疏松、肥力高、地下水位较低、排水通畅，无内、外涝，离水源近，有电源的地段建园。

（五）地势

地势对甜樱桃的栽培影响较大。一般 3°～15° 的坡度适宜甜樱桃栽培，平地更适宜栽培。山地缓坡空气流通，光照充足，排水良好，湿度小，病虫害轻，果实含糖量和维生素含量增高，耐贮性增强，果面色艳光洁、品质好。坡度越大，水土流失越多。南坡光照充足，物候期早于北坡，果品质量好，但易受日灼、霜害、旱害的影响。北坡（北、西北和东北）日照较少，果园温度低，土壤含水量降低，物候期延迟，影响树体枝条及时成熟，但根据多年观察，在辽南地区北坡栽培的甜樱桃，抗冻害能力一般好于南坡，这与春季萌动晚，树皮昼夜温度波动小，形成层活动晚，避过倒春寒有关。

甜樱桃的品质和产量不仅与栽培地区的气候因子、土壤因子和降雨条件等密切相关，也受海拔高度的影响。海拔高度是影响植物生态布局及其生长发育的重要因素，太阳辐射量、有效积温、昼夜温差、空气湿度以及土壤类型、养分有效性等常随海拔高度的化而发生显著变化。在云贵川等高海拔地区，海拔是限制甜樱桃生长的主要因素之一。在海拔较低而降雨量又较多的地区栽培甜樱桃很容易造成涝害。随着海拔高度增大，日平均气温下降、积温有效温增强、降水量增大、相对湿度增大、光照强度增加、日照率上升、昼夜温差大，因而果实可溶性固形物增高，总糖和还原糖含量均增加，品质上升，着色好。但海拔太高，甜樱桃生长速度减慢，树体矮小，节距短，叶片短窄。

海拔主要是通过影响光照和温度来影响甜樱桃生长分布的，在确定不同地区适宜的海拔高度时要根据各地的地理经纬位置而定，在北方平原地区和南方高海拔地区，两者适合甜樱桃生长所需的海拔高度就存在不同。

（六）风

风对甜樱桃的生长有较大影响，休眠期的大风易加重抽条的发生及花芽的冻害；开花期遇大风易造成湿度过低，影响甜樱桃的授粉、受精，导致坐果率降低，产量下降；果柄较长的品种，大风常导致果实剧烈摆动，造成大量落果；由于甜樱桃树冠较大，抗风能力较差，如果遇到大风，易刮断树枝，甚至刮倒树体，严重影响甜樱桃的生产；甜樱桃叶片大而薄，大风易造成叶片撕裂，干热风还可引起蒸腾过量，使叶片表现萎蔫。因此，在建园时，要提前做好规划，在园片的迎风面设置防护林，以减少风害的影响。

三、国内主产区域划分

根据甜樱桃生长要求和已有的栽培分布情况，可将我国甜樱桃栽培划分为 4 个栽培区：环渤海湾地区，陇海铁路沿线地区，西南、西北高海拔地区和保护地分散栽培区。

1. 环渤海湾产区

环渤海湾产区，包括山东、辽宁、河北、北京和天津，是我国甜樱桃商业栽培最早的产区，据估算，截止 2012 年，栽培面积达140 余万亩，占全国总栽培面积的 75％，总产量 38 万吨，占全国总产量的 85％。为我国甜樱桃适宜栽培区，栽培技术熟练，面积、产量不断增加，经济效益显著，种植者积极性高，带动了国内其他地区甜樱桃栽培发展。其中山东省和辽宁省大连市是我国甜樱桃主要栽培区。

（1）山东　甜樱桃栽培面积约 100 万亩，产量 32 万吨，主要分布在烟台福山、栖霞、海阳、牟平，威海乳山，潍坊临朐、安丘，日照五连，淄博沂源，泰安岱岳、新泰、肥城，枣庄山亭，青岛平度、崂山，临沂沂水、费县，济宁邹城、曲阜等。聊城冠县、阳谷，济南长清、章丘，莱芜莱城等也有集中栽培。其中烟台市甜樱桃栽培面积最大，总面积 30 余万亩。

山东省主要栽培品种为红灯、早大果、美早、先锋、拉宾斯、萨米脱、雷尼、红蜜等。主要砧木为大青叶、考特、吉塞拉等。

（2）辽宁　20 世纪初开始引种栽培甜樱桃，之后面积迅速扩大，目前大连地区栽培面积为 42.5 万亩，产量 5 万吨，主要分布在金州、旅顺、开发区、甘井子及瓦房店、普兰店两市的部分乡镇。主要品种有红灯、佳红、红艳、红蜜、明珠、晚红珠、早大果、拉宾斯、萨米脱、先锋、美早、雷尼等。主要砧木为本溪山樱、大青叶、马哈利、吉塞拉等。

（3）北京　甜樱桃主要分布在门头沟、海淀、通州和平谷，多数为休闲观光采摘果园。据统计，甜樱桃种植总面积为5万～7万亩。主要栽培品种为红灯、早大果、拉宾斯、先锋、雷尼等。通州区是北京市发展樱桃产业较早的区县，1993年开始大量种植。目前通州区樱桃种植面积近1万亩，其中结果面积约40%。

（4）河北　目前河北省樱桃面积近5.0万亩，产量约1万吨，主要分布在秦皇岛市山海关区、唐山及石家庄。其中秦皇岛市2.0万亩，主要栽培区为山海关（1.8万亩），其次为抚宁县、卢龙、昌黎等，青龙有零星栽培；唐山市1.0万亩，主要分布在乐亭、玉田、迁西、迁安有少量栽培；石家庄市约1.0万亩，主要集中在赞皇县土门乡豹家滩、鹿泉、深泽等县有少量栽培；廊坊市0.1万亩，主要在燕郊地区，大城、永清等县有少量栽培；保定市0.4万亩，主要分布在望州都县、满城等；邯郸市、邢台市、承德市零星栽培。

目前主栽早熟品种有红灯、红艳、美早、早大果，中晚熟品种有萨米脱、先锋、雷尼、拉宾斯等。主要砧木为中国樱桃、本溪山樱等。

2. 陇海铁路沿线产区

陇海铁路沿线地区是我国甜樱桃第二大产区，横跨江苏、安徽、河南、陕西、甘肃、山西等地区，总面积为30余万亩，由于该区为新兴产区，大部分园片未进入盛果期，目前总产量约5万吨。该区甜樱桃主要分布在江苏赣榆、丰县，河南郑州新郑、洛阳，陕西灞桥、铜川、渭南，甘肃天水，山西运城。整个区域跨越黄淮平原、豫西黄河谷地、渭河谷地、陇东黄土高原达兰州黄河峡谷区。

(1) 江苏 甜樱桃总面积约 2.0 万亩，主要分布在连云港赣榆、徐州丰县。宿迁、盐城阜阳、扬州仪征、淮安盱眙、镇江句容、无锡江阴和常州宜兴等有引种试栽。江苏省具有明显的季风特征，以淮河一线为界，以北（苏北）属暖温带湿润季风气候，夏季高温多雨，冬季寒冷干燥，为甜樱桃适宜栽培区；以南（苏南）属亚热带湿润季风气候，夏季高温多雨，冬季低温少雨，为甜樱桃次适宜栽培区。

该区主要引种栽培的品种为早大果、先锋、美早、雷尼、拉宾斯、红艳、龙冠、早红珠、红灯、红蜜，主要砧木有草原樱桃、吉塞拉 5 号、ZY-1 等。

(2) 山西 甜樱桃主要分布在运城、长治、临汾、吕梁、晋中太谷、太原地区，总面积约 2.5 万亩，结果树面积约 1 万亩。其中，运城绛县和临猗栽培面积较大，分别为 1 万亩和 0.8 万亩。

该区栽培引种品种有红灯、龙冠、早大果、先锋、拉宾斯、艳阳、美早、萨米脱等，砧木品种主要有 ZY-1、大青叶、考特、马哈利、吉塞拉 6 号、吉塞拉 5 号、本溪山樱。

(3) 河南 甜樱桃主要分布在郑州、开封和洛阳，栽培面积约 8 万亩，结果树面积约 3 万亩，主要栽培品种主要有红灯、龙冠、早大果、先锋、拉宾斯、萨米托等。砧木品种主要有 ZY-1、大青叶、考特、马哈利等。

(4) 陕西 甜樱桃主要栽培区分布西安、渭南、铜川、宝鸡、咸阳等地，栽培面积 20.5 万亩，产量近 3 万吨。其中西安灞桥、蓝田面积为 8.5 万亩，宝鸡 2.5 万亩，咸阳 2 万亩，渭南 2 万亩，铜川 2.5 万亩，陕南的汉中、安康、商洛等地区栽培面积 3 万亩。

主要栽培的早熟品种为秦樱 1 号、红灯、龙冠；中熟品种为先锋、雷尼、宾库、马吉特；晚熟品种为艳阳、吉美、斯坦勒、美早、萨米脱、拉宾斯。主要采用的砧木包括秦岭玛瑙、马哈利、CDR-1、吉塞拉 6 号、ZY-1、考特。

（5）甘肃 栽培总面积约 6 万亩，主要分布在秦州区和麦积区。清水、秦安和甘谷也有少量栽培。

主要栽培早熟品种为红灯、美早、早大果等，中晚熟品种为巨红、佳红、雷尼、先锋、拉宾斯、萨米脱、晚红珠等。

3. 西南、西北高海拔产区

西南、西北高海拔地区为我国甜樱桃特色栽培区，西南高海拔产区主要包括四川、云南、贵州、重庆，总栽培面积约 10 万亩；西北高海拔产区主要包括新疆、西藏、青海，总栽培面积约 1.5 万亩。

（1）四川 面积 5.0 万余亩，主要分布在阿坝州、雅安、凉山州、甘孜州、绵阳平武、广元和攀枝花市的高海拔（1400～2000 米）地区，其中阿坝州种植面积近 3 万亩，产量 3000 余吨，主要分布在境内汶川、九寨沟、茂县、金川县、小金县；雅安市面积约 2.0 万亩，主要分布在汉源县；凉山州面积 1000 亩，主要分布在越西县。

（2）云南 20 世纪 80 年代开始，通过不同渠道在云南昭通、昆明、楚雄、文山、米勒等地区开展了甜樱桃引种工作，多在海拔 1200～2600 米处试种。自 2002 年云南省农科院园艺作物研究所开始先后引进了红灯、先锋、龙冠、拉宾斯、雷尼、早大果等甜樱桃品种进行试栽，目前部分品种已开始花挂果，但存在坐果率低的问题。

（3）新疆 栽培面积约 2.0 万余亩，主要分布在喀什、和田、塔城、阿克苏地区。主要栽培品种有红灯、早大果、拉宾斯、萨米脱、先锋，主要障碍因素是冬季低温容易造成冻害，花期低温影响坐果，但新疆夏季干旱，没有成熟期遇雨裂果和病虫害频发的问题。

（4）青海　主要集中在海东地区，栽培面积约 1.0 万亩。其中，乐都区约 0.5 万亩以上。另外，在平安、民和、大通等有栽培。海拔高于 2000 米地区，冬季极端低温、干旱和早春气温骤变，容易引起樱桃枝条"抽干"和冻害。栽培品种有红灯、先锋、拉宾斯、雷尼等。采用的砧木有大青叶、考特、马哈利等。

4. 分散栽培区

主要包括南方上海、浙江等高温地区和东北黑吉辽寒冷地区保护地栽培区。

（1）浙江　浙江省樱桃面积约 3 万亩，主要为中国樱桃。该区甜樱桃栽培面积较少，面积约 0.5 万亩，大部分为引种试栽阶段，未形成规模。浦江、金华、衢州、杭州、诸暨、丽水、温州等多地有引种栽培，由于温度高，存在坐果不良现象。

（2）上海　为引种试栽阶段，表现露地栽培树体生长旺盛，能成花，但坐果少，产量低，裂果严重。近几年开展设施栽培，利用矮化砧木，有较好的结果表现。

（3）东北部寒冷保护地栽培区　主要包括辽宁、黑龙江、宁夏，由于极端气温低，容易冻坏枝干，不适合露地栽培，栽培方式主要为保护地栽培，面积较少，主要分布在大庆、双鸭山和牡丹江。

第三章 良种良砧技术

品种是基础，砧木是根本，依据立地条件和栽培管理水平选择砧木品种和接穗品种是甜樱桃建园的核心技术，必须良种良砧配套。

一、良种技术

（一）优良的推广栽培品种

（1）栽培品种应是通过省级以上部门审定认定或备案的品种，不应是一些优株、株系或刚从国外引进的品种，优良单株或从国外引进的新资源需经过区域试验和对比试验，被行政主管部门认可后才能推广，个别种植户命名的品种不能盲目推广。

（2）从市场角度看，消费者喜欢的品种，好吃好看，个大优质，特别是经销商认可的耐运输、货架期长的品种。依据市场定位确定推广品种，如长途运输，需要硬度大的品种较好；采摘果园或就近供应，应选择口感好、颜色鲜艳的品种，最好早中晚熟配套，花色品种多样更能满足众多消费者的需求。

（3）从种植者角度，树体健壮，树势中庸，成花容易，丰产稳产，抗裂果，畸形果率低、抗病抗虫，耐瘠薄，抗逆性强、适应性广的品种最受欢迎，如先锋、萨米脱、雷尼、拉宾斯等。

综上考虑，主要栽培的优良推广品种应具有如下特点：果个大、硬度高、风味好、抗逆性强、树体健壮、丰产稳产。

（二）目前国内外主要栽培品种

国际上，美国华盛顿州立大学调查认为：世界上最受欢迎的甜樱桃传统品种主要有宾库、那翁、布莱特（Burlat）、先锋、兰伯特（Lambert）、拉宾斯、雷尼等；世界上最受欢迎的新品种主要是科迪亚（Kordia）、萨米脱（Summit）、雷洁娜（Regina）、斯基娜（Skeena）、塞埃维亚（Sylvia）和甜心（Sweetheart）。欧洲较受欢迎的甜樱桃品种为科迪亚、斯得拉（Stella）、维斯塔（Vista）、甜心、艳阳（Sunburst）。

美国是世界上甜樱桃栽培最先进国家，栽培品种主要有宾库、先锋、雷尼、拉宾斯、秦林（Chelan）、甜心、斯基娜、布鲁克斯（Brooks）等，多数为深红色品种，只有雷尼为浅色品种，主要为早实、大果、丰产、硬肉类型品种；据报道，2006年华盛顿州甜樱桃未结果幼树中，甜心占34.3%、斯基娜占14.3%、宾库占12.8%、秦林占11.3%、雷尼占8.5%，其他甜樱桃品种占19%；俄勒冈州甜樱桃主要栽培品种为宾库、甜心、RoyalAn和拉宾斯，占其总栽培面积的2/3，甜心和斯基娜是俄勒冈州最受欢迎的品种；加利福尼亚州主要栽培品种为宾库、图乐（Tulare）、布鲁克斯、雷尼、红宝石（Ruby）等。

尽管各个国家都存在许多甜樱桃栽培品种，但在大多数国家，主栽品种一般为一个，其他新引种的品种较难受到重视。例如土耳其的主栽品种为中晚熟的Ziraat 0900，法国的主栽品种为Bigar-reaux，智利和阿根廷的主栽品种是宾库。在美国，宾库是深色品种的主栽品种，它的主导地位已受到许多新品种的威胁，雷尼在浅色甜樱桃品种中一直占主导地位，在早熟品种中布鲁克斯、秦林和美早威胁着宾库的主导地位，而在晚熟甜樱桃品种中甜心和斯基娜所占比例较大。西班牙的无柄皮科塔（Picota）樱桃最著名，它包括一系列不同的甜樱桃品种。科迪亚在许多欧洲国家都很受欢迎。

国内，目前生产上甜樱桃栽培主要品种有红灯、红蜜、红艳、佳红、布莱特、早大果、美早、龙冠、先锋、萨米脱、拉宾斯、雷尼、斯得拉、友谊、艳阳、秦樱1号、吉美、佐藤锦、那翁、大紫等。主栽品种为红灯。各主产区主要品种如下。

（1）山东　当前主栽品种为红灯，约占50%。随着品种结构的调整，红灯栽培的比例将逐渐下降，目前山东半岛甜樱桃晚熟产区主要发展品种为美早、先锋、拉宾斯、桑提娜、萨米脱、黑珍珠、友谊等，砧木为大青叶、考特；鲁中南丘陵早中熟产区主要发展的品种为红灯、早大果、岱红、美早、萨米脱、布鲁克斯、红宝石等，砧木为大青叶、吉塞拉、考特。

（2）辽东半岛　主栽品种有红灯、巨红、佳红、明珠、丽珠、美早、砂蜜豆。

（3）陕西、河南、甘肃　主栽品种有龙冠、红灯、秦樱1号、岱红、美早、艳阳、萨米脱、拉宾斯、先锋、吉美。

（4）北京、河北等地　主栽品种有早大果、美早、布拉、红灯、萨米脱、先锋、拉宾斯、斯得拉等。

（三）近年来新选育和推广的良种

我国甜樱桃育种工作起步较晚，早期主要从美国、加拿大、日本、乌克兰、俄罗斯、匈牙利等国家进行引种，并开展区域试验，筛选出一批适合我国推广的优良品种，如先锋、拉宾斯、早大果、美早等，大大缩短了与甜樱桃育种先进国家的距离。加拿大太平洋农业食品研究中心 Summerland 试验站是世界上育成甜樱桃品种最多的单位，该单位1914年建立，自1936年开始甜樱桃育种项目，至今只有5个课题团队持续研究，先后培育出先锋、斯得拉、萨米脱、拉宾斯、艳阳、塞埃维亚、甜心、桑提娜（Santina）、塞勒塞特（Celeste）、斯基娜、柯瑞斯特林娜（Cristalina）、萨巴（Samba）、桑德拉玫瑰（Sandra Rose）、Staccato、Sentennial 等30多个品种，目前在全世界范围内广泛引种栽培，其中，1944年推出第一个品种先锋，1968年推出第一个自交亲和品种斯得拉，1984年推出拉宾斯，1994年推出甜心。美国的甜樱桃育种研究主要在华盛顿州、俄勒冈州、加利福尼亚州、纽约州等各主产州大学及部分私人苗圃公司,培育出的主要品种有宾库、雷尼、奥林帕斯(Olympus)、秦林、美早(Tieton)、哥伦比亚(Columbia,也称Benton)、西拉(Selah)、布鲁克斯、红宝石(Ruby)、白金(White Gold)、黑金(Black Gold)、考伟赤(Cowiche)等。乌克兰也是甜樱桃育种先进国家之一,自19世纪80年代以来,我国先后从乌克兰开始引进甜樱桃优良品种,主要有早红宝石、极佳、抉择、早大果、奇好、胜利、友谊等。此外,匈牙利、意大利、保加利亚、罗马尼亚等也相继育成一批新品种,近些年国内科研部门加强了合作联系,并进行资源交换,正在引种观察。

在引种选优的基础上,我国各科研单位如大连市农科院、烟台市农科院、郑州果树研究所、西北农林科技大学、山东省果树研究所、北京市林果所等开展了自主选育,并育成一批优良品种,主要有红灯、红蜜、红艳、佳红、巨红、明珠、丽珠、饴珠、泰珠、早红珠、晚红珠、早露、龙冠、秦樱1号、吉美、岱红、彩虹、春晓、福晨、福星、鲁玉、秀玉等。主要推广品种介绍如下。

1. 主要早熟品种

(1)早大果 原引种编号为"乌克兰2号"。见图3-1。

山东省果树研究所1997年从乌克兰购买引进的专利品种,2007年通过了山东省农业品种审定委员会的审定,2012年通过国家林业局审定。已成为主栽早熟品种之一。

主要经济性状:果实近圆形,大而整齐,单果重8.0～12.0克,果皮深红色,充分成熟紫黑色,鲜亮有光泽;果肉较硬,果汁红色,可溶性固形物含量16.1%～17.6%,风味浓,品质佳;果核大、圆形、半离核;果柄中等长度。果实成熟期一致,比红灯早熟3～5天;在泰安地区5月中旬成熟,果实发育期35～42天。较丰产。

图 3-1 早大果

树体生长势中庸，树姿开张，枝条分枝角度较大；一年生枝条黄绿色，较细软；结果枝以花束状果枝和长果枝为主，花芽中大、饱满，每结果枝花芽数量 2～7 个，多数为 3～5 个。早实丰产性强，一般定植 3～4 年结果。授粉品种以红灯、布鲁克斯、拉宾斯、先锋、萨米脱等较好。

（2）布鲁克斯（Brooks） 曾称冰糖脆、天地一号、蜜早。见图 3-2。

布鲁克斯是由美国加州大学戴威斯分校用雷尼和早布莱特（Early Burlat）杂交育成，1988 年开始推广。山东省果树研究所 1994 年引进，2007 年通过了山东省林木品种审定委员会审定。个大、味甜、丰产是布鲁克斯的优点。

主要经济性状：果实大，平均单果重 8～10 克，果皮厚，完全

图 3-2 布鲁克斯

成熟时果面暗红色，偶尔有条纹和斑点，多在果面亮红色时采收。果肉紧实、硬脆，味甘甜。采收时遇雨易裂果。花期介于布莱特和宾库之间，比宾库早熟 10～14 天，成熟期一致，畸形果少。树体树姿直立，丰产。授粉品种有红宝石、红灯、先锋、拉宾斯、雷尼等。

（3）桑提娜（Santina） 加拿大太平洋农业食品研究中心 Summerland 试验站 1996 年推出，亲本为斯得拉和萨米脱。加拿大主推早熟品种。自花结实、丰产稳产是其优点。见图 3-3。

主要经济性状：树姿开张，干性较强；结果枝以花束状果枝和短果枝为主，花芽中大、饱满；果实中大，平均单果重 7.6～9.0

图 3 3　桑堤娜

克，卵圆形，果柄中长，果皮黑色，果肉硬，味甜，品质中上，可溶性固形物含量 15.1％；抗裂果；中早熟，发育期 50 天左右，成熟期较先锋早 8～10 天，泰安地区 5 月中下旬采收。自花结实，丰产性好。

（4）秦林（Chelan）　也称莱州早红、奇兰。见图 3-4。

美国 1991 年推出的品种，亲本为斯得拉×Beaulieu，华盛顿州主推早熟品种。1999 年山东省引进。硬度大、风味好、抗裂果、丰产是其优点。

主要经济性状：果实阔心脏形，果顶圆；中大，平均单果重 8.0～9.0 克，果皮较厚，紫红色，有光泽，可溶性固形物含量 17.0％；果肉硬脆、浓红色，多汁，酸甜适口；核较小，离核，果实可食率 94.0％，品质上。果个整齐，成熟期较一致，双果、畸形果和裂果极少。耐贮运，常温下可储放 1 周左右。成熟期较先锋

图 3-4　秦林

品种早熟 10～12 天，烟台 6 月上中旬果实成熟。授粉品种有先锋、拉宾斯、布鲁克斯、莱州脆等。

幼树生长势强，大量结果以后树势易弱，萌芽率高，成枝力较弱。结果多时果个偏小，注意负载量控制。

（5）美早（Tieton）　原编号 7144-6，曾译称泰彤、塔顿。见图 3-5。

美国华盛顿州 1998 年推出。亲本为"斯得拉"×"早布莱特"。2006 年通过了山东省林木品种审定委员会审定。果大、肉硬是美早的特点。

主要经济性状：果实宽心脏形，平均单果重 8～12 克，大小整齐，顶端稍平。果柄短粗。果皮全面紫红色，有光泽，鲜艳。肉质脆而不软，肥厚多汁，果肉硬，中甜，味淡；较抗裂果；可溶性固

图 3-5　美早

形物含量为 17.6％。核圆形、中大，可食率 92.3％。耐贮运。早熟，较先锋早 7～9 天，花期同先锋；中产。大连地区 6 月 15 日左右果实成熟。授粉品种为萨米脱、先锋、拉宾斯等。

树势强健，树姿半开张，幼树萌芽力、成枝力均强。在乔化砧木上结果晚，丰产性中等，建议用吉塞拉矮化砧木。夏季高温地区双子果发生率高。

（6）明珠　大连市农业科学院育成，从那翁和早丰杂交后代优良株系 10-58 的自然实生后代选出，2009 年通过辽宁省非主要农作物品种审定委员会审定并命名。早熟、大果、鲜食品质优良是其突出特点。见图 3-6。

主要经济性状：果实宽心脏形，平均果重 12.3 克，最大果重 14.5 克；果实底色稍呈浅黄，阳面呈鲜红色，有光泽。果柄长度 2.3～4.0 厘米，梗洼广、浅、缓，果顶圆、平；果肉浅黄，肉质较软，可溶性固形物含量 22.0％，风味酸甜可口，品质极佳，可食率 93.3％；大连地区，盛花期 4 月中下旬，果实成熟期 6 月上旬。

图 3-6 明珠

树势强健，生长旺盛，树姿较直立，芽萌发力和成枝力较强，枝条粗壮。幼树期枝条直立生长，长势旺，枝条粗壮。盛果期后树冠逐渐半开张。一般定植后 4 年开始结果，五年生树混合枝、中果枝、短果枝、花束状果枝结果比率分别为 53.1％、24.5％、16.7％、5.7％。花芽大而饱满，每个花序 2～4 朵花，在先锋、美早、拉宾斯等授粉树配置良好的情况下，自然坐果率可达 68％以上。

（7）布莱特（Burlat） 曾称伯兰特、意大利早红、布拉等。西北农林科技大学 2005 年推出布莱特优系——秦樱 1 号。见图 3-7。

图 3-7　布莱特

原产法国，亲本不祥。欧洲广泛栽培的早熟品种。果实单果重8～10克，心形，缝合线侧面平，果皮红色到紫红色，光亮，果皮厚度中等。果肉软到中等硬度，果汁多，风味酸甜，品质优，半离核。烟台地区6月上旬成熟，与红灯同期采收。

树体生长健壮，幼树直立，逐渐开张，早果性好，丰产。开花期居中。

（8）红灯　大连市农业科学研究院育成，是国内主栽的优良早熟品种。见图 3-8。

果实肾形，平均单果重 9.6 克，鲜红色，充分成熟紫红色；果肉肥厚多汁，酸甜可口；果汁红色；果核圆形，中等大小，半离核；果柄短粗；可溶性固形物含量 17.1％；较耐贮运；品质上等。果实发育期 45 天，大连地区 6 月 8 日左右果实成熟。

图 3-8　红灯

叶片特大，阔椭圆形，叶面平展，深绿色有光泽，叶柄基部有2～3个紫红色长肾形大蜜腺，叶片在枝条上呈下垂状着生；花芽大而饱满，每个花芽有1～3朵花，花冠较大，花瓣白色、圆形，花粉量较多。

树势强健，萌芽率高，成枝力较强，枝条粗壮。幼树期枝条直立粗壮，生长迅速，容易徒长。进入结果期较晚，一般定植后4年结果，6年丰产。盛果期后，短果枝、花束状和莲座状果枝增多，树冠逐渐半开张，果枝连续结果能力强，能长期保持丰产稳产和优质壮树的经济栽培状态。

（9）早红珠　品系代号8-129。大连市农科院推出。宾库自然杂交选育而成。早熟、优质、中大果型是其特点。见图3-9。

主要经济性状：树势强健，幼树生长旺盛，直立，进入结果期

图 3-9　早红珠

后树势中庸偏旺，树姿较开张。果实宽心脏形。平均单果重 9.5 克，最大单果重 10.6 克。果皮紫红色，有光泽，外观艳丽。果肉紫红色，肉质较软，肥厚多汁，风味酸甜，可溶性固形物含量为 18%。核卵圆形，较大，黏核。果实发育期 40 天左右，大连地区 6 上旬即可成熟。较耐贮运，丰产性好。

（10）龙冠　中国农业科学院郑州果树研究所选育，那翁与大紫杂交实生苗选出。1996 年通过品种审定。见图 3-10。

主要经济性状：果实呈宽心形，平均单果重 7.5 克，最大可达 12 克；果实外观全面呈宝石红色，果肉及汁液呈紫红色，汁中多，酸甜适口，风味浓郁，品质优良。可溶性固形物 13%～16%，核中等，可食率 92.5%。果实肉质较硬，耐贮运性好，果柄中长中粗。较抗裂果，畸形果率低。果实发育期为 40～45 天，早熟品种，

图 3-10 龙冠

在郑州地区 4 月上旬开花，5 月中旬果实成熟。

　　树体生长强健，干性较强，树姿直立，分枝角度较大。建议适宜授粉品种为先锋和红蜜。丰产性好。

　　2. 主要中、晚熟品种

　　(1) 先锋 (Van)　加拿大太平洋农业与食物研究中心育成，Empress Eugenie 自然实生，世界各地广泛栽培。1988 年烟台从加拿大引进，2004 年通过山东省林木品种审定委员会审定。见图 3-11。

　　主要经济性状：果实近圆形，平均单果重 8.0～10.0 克，产量过高时果个变小；果皮紫红色，有光泽，皮厚而韧；果肉玫瑰红色，肉质脆硬，汁多，甜酸可口，可溶性固形物含量 17.0%，品质佳，耐贮运。果实生育期 60～65 天，比红灯晚 20 天左右，烟台

图 3-11 先锋

地区 6 月中下旬成熟。

树势中庸健壮，新梢粗壮直立，以短果枝和花束状果枝结果为主，花芽容易形成，花芽大而饱满。早果性，丰产稳产，适应性强。花粉量较多，也是一个极好的授粉品种。

（2）萨米脱（Summit） 曾译名萨米特、砂蜜豆、沙米脱、红心等。见图 3-12。

加拿大育成的中晚熟品种，亲本为先锋和萨姆，1973 年注册。1988 年烟台果树研究所引进，2006 年通过山东省林木品种审定委员会审定。大连市金州区农业良种示范场 1987 年从日本青森引进，称为砂蜜豆。大连市金州区七顶山街道从砂蜜豆选出金顶红，2010 年备案。

主要经济性状：果实长心脏形，果皮红色至深红色，平均单果

图 3-12　萨米脱

重 9.0～12.0 克。肉质较硬，肥厚多汁，可溶性固形物含量
18.5%，可滴定酸含量 0.78%。核椭圆形，中大，离核，果实可
食率 93.7%。泰安地区 5 月底 6 月上旬采收，烟台地区 6 月中下
旬成熟。选择拉宾斯、先锋做授粉树，也可与美早搭配栽培。早实
性好，丰产稳产，且成熟期集中。树势强，树姿半开张。

（3）拉宾斯（Lapins）　加拿大 1965 年杂交育成，亲本为先锋
和斯得拉，自花结实晚熟品种。1988 年引入烟台，2004 年通过山
东省林木品种审定委员会审定。见图 3-13。

主要经济性状：平均单果重 7～12 克，近圆形或卵圆形。果皮
紫红色、有光泽、美观、厚而韧，果梗中短中粗，不易萎蔫。果肉
红色，肥厚，硬度高，果汁多，可溶性固形物达 16.0%，风味好，
品质佳，烟台地区 6 月下旬成熟。生产中普遍存在早采现象，致使

图 3-13　拉宾斯

果实个小。花期早且长，可作其他品种的授粉树。

　　树势健壮，树姿较直立，树体紧凑，为短枝型品种，树冠为普通树形的 2/3，幼树生长旺。早实性好，一般定植后第四年即可获得丰产。该品种抗寒性好，不易裂果。

　　（4）艳阳（Sunburst）　加拿大 1965 年杂交育成，亲本为先锋和斯得拉。艳阳是拉宾斯的姊妹系，自花结实，中晚熟。见图 3-14。

　　主要经济性状：果实呈圆形，果个大，平均单果重 10～13 克。果柄中长。果皮红色至紫红色，外观艳丽，具光泽。果肉味甜多汁，可溶性固形物 16.0%～17.0%，风味甜酸可口，质地较软，品质优。耐贮运，成熟期比拉宾斯早 4～5 天。自花结实，丰产稳产，抗病性和抗寒性均强，遇雨有裂果现象。幼树生长旺盛，盛果期后树势逐渐衰弱。

图 3-14 艳阳

（5）黑珍珠 北美品种，名称不详。烟台农科院果树所推出，2006 年通过专家鉴定。见图 3-15。

图 3-15 黑珍珠

主要经济性状：果实个大，平均单果重 8.5～11.0 克，肾形，红色，充分成熟暗红色至紫黑色，有光泽，果顶稍凹陷，果顶脐点大，缝合线色淡，不很明显，两边果肉稍凸。果柄长 3.05 厘米。果肉、果汁深红色，肉质脆硬，品质优，可溶性固形物含量17.5％，耐贮运。易成花，当年生枝条基部易形成腋花芽，粗壮的大长枝条甩放后，易形成成串的花芽，具有良好的早产性，丰产是其突出优点之一。无畸形果，果实在树上挂果时间长，延期采收10～15 天果肉不变软，一次即可采收完毕。烟台地区，6月上旬果实开始变红，6月下旬果实成熟。

（6）雷尼（Rainier） 美国华盛顿州 1954 年以宾库和先锋杂交育成的黄色中熟品种。雷尼为美国主栽黄色品种之一，是果个大、外形美、品质佳、丰产的优良品种。见图 3-16。

图 3-16 雷尼

主要经济性状：树势强健，枝条粗壮，节间短，树冠紧凑。果实大型，平均单果重 8.0～12.0 克，果形心脏形。果皮底色黄色，着鲜红色晕，光照良好时可全面红色，鲜艳美观。果肉质地较硬，可溶性固形物含量高，风味好，品质佳。离核，核小，可食部分93%。抗裂果，耐贮运。成熟期比宾库早3～7天，烟台地区6月中下旬成熟。适应性广。花粉多，自花不育，是优良的授粉品种。

（7）甜心（Sweetheart） 加拿大1994年推出的自花结实品种，亲本为先锋和新星。见图3-17。

图3-17 甜心

主要经济性状：树体生长旺盛，树势开张，果实中大，8.0～11.0克；圆形，果皮果肉红色，很硬，中甜，风味好，具清香；较抗裂果；晚熟，较先锋晚19～22天。始花期较先锋早1天，成熟期比兰伯特晚30天。自花结实，长势开张；早实，很丰产。

（8）友谊 山东省果树研究所1997年从乌克兰购买引进的专利品种，2007年通过了山东省农业品种审定委员会的审定。山西省农科院果树所从"友谊"中选出晶玲，2009年通过山西省林木品种审定委员会审定。见图3-18。

图 3-18　友谊

主要经济性状：果实个大，单果重 10.8 克；近圆形，果顶平圆，梗洼窄浅，果缝线不明显；成熟时果皮鲜红色，鲜亮有光泽；果肉硬，离核，耐贮运；风味浓，可溶性固形物含量 17.3%，可鲜食或加工；在泰安地区 6 月 10～15 日成熟，烟台地区 6 月 20 日后成熟，果实发育期 60 天左右，属晚熟品种。树体生长健壮，树姿直立，树冠圆头形，干性较强；干皮色浅棕褐色，一年生枝条黄绿色；结果枝以花束状果枝和短果枝为主，花芽较大、饱满，卵圆形，适应性强，耐旱、耐寒。

（9）胜利　山东省果树研究所 1997 年从乌克兰引进，2007 年通过省农业品种审定委员会的审定。见图 3-19。

果实个大，单果重 10.0 克；近圆形，梗洼宽，果柄较短，果缝线较明显；果肉硬、多汁，耐贮运；果皮深红色，充分成熟黑褐色，鲜亮有光泽；果汁鲜艳深红色，果味浓，酸甜可口，可溶性固形物含量固形物 17.2%。在泰安地区 6 月上旬成熟，在烟台地区 6 月中下旬成熟。树体生长势强旺，树姿直立，干性较强；枝干皮色

图 3-19　胜利

为棕褐色，一年生枝条黄绿色；结果枝以花束状果枝和短果枝为主。

（10）吉美　由西北农林科技大学从匈牙利引进资源中选育而成。2005 年通过陕西省审定。

主要经济性状：果实心形，果个大。果皮紫红色，具光泽，口味酸甜适中，品质佳。果肉硬，耐贮运。开花晚，成熟晚，西安地区 3 月底盛花，5 月下旬至六月上旬成熟，熟期比红灯晚 25 天。目前陕西省主要晚熟栽培品种。树势健壮，早果性强，丰产性好，抗寒、抗晚霜。

（11）饴珠　大连农科院选用晚红珠和 13-33 杂交育成。见图 3-20。

主要经济性状：果实宽心脏形，整齐。果实底色呈浅黄色，阳

图 3-20 饴珠

面鲜红色；平均单果重 10.6 克，最大果重 12.3 克。肉质较脆，肥
厚多汁，可溶性固形物含量 22% 以上，风味酸甜适口，品质上；
核较小，近圆形，半离核，耐贮运。丰产性好。成熟期晚，在大连
地区，4 月 22～25 日盛花，6 月 25 日左右果实成熟。

树势中庸，枝条较开张。叶片中大，叶片阔椭圆形，叶基呈半
圆形，先端渐尖，叶缘复锯齿，中大而钝；叶片质较厚，叶面平
展，深绿色有光泽。叶柄基部着生 2～4 个肾形蜜腺。花冠较大，
近圆形，花粉量多。

（12）泰珠　大连农业科学研究院育成，为雷尼和 8-100 优良杂
交后代。见图 3-21。

主要经济性状：果实肾形，整齐；平均单果重 13.5 克，最大
果重 15.6 克；紫红色，有鲜艳光泽和明晰果点；肉质较脆，风味

图 3-21　泰珠

酸甜适口，可溶性固形物含量 19％以上，品质优；核较小，近圆形，半离核，耐贮运。大连地区，6 月 22 日左右果实成熟，属中晚熟。

树势强健，生长旺盛。叶片大，叶片阔椭圆形，叶基呈半圆形至楔形，先端渐尖，叶缘复锯齿，中大而钝；叶片厚，叶面平展，深绿色有光泽；叶柄基部着生 2 个红色肾形蜜腺；花粉量较多。

（13）丽珠　大连农科院选用雷尼和 8-100 杂交育成。见图 3-22。

主要经济性状：果实肾形，平均单果重 10.3 克，最大单果重 11.5 克；果面紫红色，有鲜艳光泽，外观及色泽似红灯。肉质较软，风味酸甜可口，可溶性固形物含量 21％。成熟期晚，大连地区，6 月 28 日左右果实成熟。早果性好，栽后第 3 年即可见果，

图 3-22　丽珠

丰产性好。

幼树树势强健,进入盛果期树势中庸健壮,枝条半开张。叶片中大,叶片阔椭圆形,先端渐尖,叶缘复锯齿,中大而钝;叶片质较厚,叶面平展,深绿色有光泽;平均叶柄长 2.93 厘米,粗 0.21 厘米,叶柄基部着生 2 个红色肾形蜜腺;花冠较大,近圆形,花粉量多。

(14)晚红珠　原编号"8-102",也称晚丰。大连农业科学院选用宾库和日出杂交后代"19-11"优良株系的自然实生选出,2008 年通过了辽宁省审定。见图 3-23。

主要经济性状:果实宽心脏形,整齐;果面红色,有光泽;梗洼广、浅、缓,果顶圆、平;平均单果重 10.0 克,最大单果重 12.2 克;果肉红色,肉质脆,风味酸甜可口,品质上;可溶性固

图 3-23　晚红珠

形物含量 18.1％，可食率 92.4％；核卵圆形，黏核；耐贮运；较抗裂果。大连地区，开花期 4 月 18～23 日，果实成熟期 6 月 30 日～7 月 5 日，为晚熟品种。早果性强，丰产稳产。

树势强健，生长旺盛，树姿半开张，抗晚霜能力强。对细菌性穿孔病、叶斑病、流胶病均有较强抗性。该品种商品性能优良，深受栽培者欢迎。

（15）彩虹　北京市农林科学院林业果树研究所采集的实生种子播种后所得，亲本不详。2009 年通过品种审定，已在北京地区推广。特点是果肉脆、早果、丰产稳产。

主要经济性状：果实扁圆形，初熟时黄底红晕，完熟后全面橘红色，十分艳丽美观；果个大，平均单果重 9.1 克；果肉黄色，脆，汁多，可溶性固形物20.2%，风味酸甜可口；平均单核重0.6克，果核长1.3厘米，可食率93%；果柄较长，平均长度5.0厘米。北京地区果实发育期65～70天，6月上、中旬成熟，成熟期介于红蜜和雷尼之间，树上挂果期可达半月，适合观光采摘。授粉品种雷尼、红灯、先锋。

树势健壮，树姿较开张，早果丰产性好，初果期以中长果枝结果为主，长果枝比例可达72%，进入盛果期后，以短果枝和花束状果枝结果为主，比例达68%。

（16）鲁玉　山东省果树研究所推出的硬肉、丰产、中晚熟新品种。见图3-24。

图3-24　鲁玉

果实大型，10～12克，肾形；果柄中短、中粗，梗洼广、浅，果顶平；初熟鲜红色，充分成熟紫红色；果肉红色，肉质硬，肥厚多汁，可溶性固形物含量 22.9％，风味酸甜可口，品质上；核小，离核，可食率 95.3％；泰安地区，一般 3 月中旬萌芽，4 月上中旬开花，开花晚，花期长，开花期较先锋晚 2～3 天，5 月底至 6 月上旬成熟，成熟期较先锋早 3～5 天；为中晚熟品种。

早实性丰产性好，无畸形果，抗裂果，田间表现抗细菌性穿孔病、褐斑穿孔病。抗寒力较强。

（17）彩玉　山东省果树研究所育成的大果型丰产新品种。见图 3-25。

图 3-25　彩玉

果实个大，平均单果重 9.95 克，近圆形；果柄中长，梗洼广浅，果顶凸；底色黄色，表色红晕，光泽艳丽；果肉黄色，硬度大，酸甜可口，果实可溶性固形物含量 18.5％，品质好，耐贮运；核小，离核，可食率 95.6％；泰安地区，果实成熟期 5 月底至 6

月上旬，果实发育期 53～61 天，为中晚熟品种。

早实丰产，无畸形果，抗裂果。早期落叶病、褐斑穿孔病发生较少。

（18）佐藤锦（Sato Nishiki） 日本山形县东根市的佐藤荣助用黄玉和那翁杂交育成。1986 年引进烟台、威海栽培，表现丰产、质优。

主要经济性状：树势强健，直立，树冠接近自然圆头形。果实中大，平均单果重 6.7 克。果形短心脏形。果皮底色黄色，上着鲜红晕，光泽美丽。果肉白中带鲜黄色，肉厚多汁，核小，含可溶性固形物 18.0％，甜酸适度，酸味偏少，口感好，品质上。在烟台 6 月上旬成熟，比那翁早熟 5 天，雨后易裂果。自花不实，需配置授粉树，如萨米脱、先锋、拉宾斯等。花蕾期抗低温能力较强。由于果实硬度大，果皮厚，适合远距离运输。丰产，且鲜食品质佳。

（19）雷洁娜（Regina） 德国 Jork 果树试验站 1998 年推出。见图 3-26。

图 3-26 雷洁娜

果实近心脏形，果柄中长，平均单果重 8～10 克，果皮暗红色，果面光泽，果肉红色，

果肉质硬，耐贮运，酸甜可口，风味极佳，完全成熟时可溶性固形物达 20％。晚熟，成熟期比先锋晚 14～17 天，在郑州 5 月底 6 月初成熟。

树势健壮，生长直立，自花不结实，早果丰产中，抗裂果性能强。花期较先锋晚 4 天。

（20）柯迪亚（Kordia）　捷克品种。见图 3-27。

图 3-27　柯迪亚

果实宽心脏形，平均单果重 8～10 克，果皮紫红色，光泽亮丽，果肉紫红色，果肉较硬，耐贮运，风味浓，可溶性固形物 18％，较抗裂果。晚熟品种，成熟期比先锋晚 7～10 天。在郑州 5 月下旬成熟。树势较强，早果丰产，花期晚。

（21）13-33　日本称月山锦；曾称大黄、晚黄金等。大连市农科院选出的中晚熟纯黄色优良品系。见图 3-28。

图 3-28   13-33

果实宽心脏形，果皮全面浅黄色，有光泽；平均果重 10.1 克，最大果重 11.4 克；果肉浅黄白，质较软，肥厚多汁，可溶性固形物含量 21.2％，风味甜酸可口，有清香，品质上；核卵圆形，黏核；较耐贮运。大连地区 6 月中、下旬果实成熟。

二、良砧技术

甜樱桃栽培，砧木选择至关重要，不同砧木品种，早果性、丰产性、抗逆性不同，要选择生长健壮，根系发达，适应当地环境条件，具有一定抗性（如抗寒、抗旱、抗盐碱、抗病虫能力强），与接穗具有较强亲和力的砧木品种。甜樱桃砧木类型较多，欧美主要应用马扎德、马哈利、考特、吉塞拉、酸樱桃等作砧木。目前我国生产中应用的砧木主要有中国樱桃大青叶、本溪山樱、考特、吉塞拉、马哈利等。其中，种子实生繁殖的砧木有中国樱桃、本溪山樱、马哈利等，采用组织培养、扦插或压条无性繁殖的砧木有吉塞拉系列、考特、大青叶等。目前我国推广的主要砧木品种介绍如下。

1. 考特（Colt）

英国东茂林试验站 1958 年用欧洲甜樱桃和中国樱桃做亲本杂交育成，1971 年推出三倍体考特，$2n = 24$。1986 年引入山东临朐。与甜樱桃、酸樱桃和中国樱桃亲和性都好，嫁接树分枝角度大，易整形，初期树势较强，随树龄增长逐渐缓和，进入结果期树势中庸。嫁接甜樱桃树体长势是对照砧木（马扎德或马扎德实生优系 F12/1）的 80%。结果早，好管理，坐果率较高，丰产，坐果多时果个变小。根系发达，水平根多，须根多而密集，固地性强，

图 3-29　考特

抗风力强。对土壤适应性广，在土壤肥沃、排灌良好的砂壤土上生长最佳，对干旱和石灰性土壤适应性有限。抗病性强，抗假单胞属细菌性溃疡病，也抗疫霉菌危害。见图3-29。

考特最大的优点是硬枝和嫩枝扦插都容易繁殖。嫩枝扦插5～9月份，选择半木质化插条，以粗砂为扦插基质，以250毫克/升萘乙酸（NAA）速蘸处理生根率达91%，插条生根快，扦插后20～25天开始生根，45天后就可移栽。其分蘖力和生根能力均强，扦插和组织培养繁殖容易，栽植成活率高。与大青叶比较，枝条较脆，毛细根多，且多成水平分布，大青叶枝条较软，根系多下垂状。

杂种三倍体考特在世界其他地区并未表现矮化，东茂林试验站进一步化学诱导，1987年获得六倍体考特，$6n = 48$。试验看出，六倍体考特嫁接甜樱桃树体长势是对照砧木的75%，而且更容易繁殖。

山东临朐甜樱桃多数采用考特砧木，平原、丘陵地都生长良好，树势强，长势旺，树体健壮，园相整齐，产量高而稳。个别树有根瘤，但考特对根瘤耐性很强，只要正常肥水管理，生长正常。

2. 吉塞拉（Gisela）系列

德国吉塞（Giessen）市 Justus Liebig 大学杂交育成。20世纪60年代，以酸樱桃、甜樱桃、灰毛叶樱桃和草原樱桃等几种樱属植物进行种间杂交，获得6000余株杂种实生苗，通过评价、鉴定，初选出200余株进行扩大繁殖，进一步确定其矮化性、亲合性、抗病性、萌蘖性和早实性（见图3-30）。美国和加拿大1987年成立砧木比较试验合作组，引进17个吉塞拉优系进行试验，1995年筛选出4种吉塞拉矮化砧木在生产上推广应用，分别是吉塞拉5（矮化程度相当于马扎德的45%）、吉塞拉6（矮化程度相当于马扎德的70%）、吉塞拉7（50%）、吉塞拉12（60%）。特点是：与甜樱桃嫁接亲和力强；嫁接的甜樱桃早果性、丰产性好；对常见的樱桃细菌性、真菌性和病毒病害均具有很好的抗性，包括根癌病、流胶病、李矮缩病毒（PDV）病和樱属坏死环斑病毒（PNRSV）病；对土壤的适应范围极广，一般砧木忌黏重土壤，但吉塞拉砧木能够适应黏土；萌蘖数量少，甚至没有，固地性好。近几年又推出了吉塞拉3、吉塞拉4和Gi 195/20，其中，吉塞拉3比吉塞拉5更矮化；Gi 195/20为甜樱桃与草原樱桃杂交育成，半矮化。

图 3-30 吉塞拉

吉塞拉5为矮化砧，以酸樱桃为母本，与灰叶毛樱桃杂交育成。其嫁接树的树冠只有标准乔化砧马扎德的45%～50%，树体开张，分枝基角大。其突出的优点是早果性极好，嫁接的甜樱桃第2年开始结果。缺点是要求很好的土壤肥力和水肥管理水平，否则容易出现早衰，并需立柱支撑。适合黏砂土壤。对PDV和PNRSV具有很好的抗性。结果多时，果个小，采用正确的修剪、肥水和病虫害防治管理，保持健壮的树体，可以平衡负载量并保证果实的正常大小。

吉塞拉6属半矮化砧，酸樱桃与灰叶毛樱桃杂交育成。具有矮化、丰产、早实性强、抗病、耐涝、土壤适应范围广、抗寒等优良特性。其树冠体积是马扎德的70%，长势强于吉塞拉5。嫁接树树体开张，圆头形，开花早、结果量大。适应各种类型土壤，固地性能好，在黏土地上生长良好，萌蘖少。

3. 马哈利 （Mahaleb）

马哈利原产欧洲中部地区，18世纪开始用作砧木，是欧美各国最普遍应用的甜樱桃的砧木，我国大连、陕西等地区应用较多。马哈利CDR-1是西北农林科技大学从马哈利樱桃自然杂交种的实生苗中选出的抗根癌病砧木，2005年通过陕西省林木品种审定委员会审定。

马哈利枝条细长，分枝多；叶片小，圆形或卵圆形，有光泽；果实小，紫黑色，离核，味苦涩，不能食用。马哈利砧木，多用种子播种繁殖，每千克种子粒数达6000～8000粒，经沙藏处理后发芽率可达90%。出苗率高，幼苗生长整齐，播种当年可供芽接株率达95%以上，与甜樱桃嫁接亲合力强，有"小脚"现象，苗木生长健壮，成苗快，嫁接甜樱桃时砧木干留高些有一定矮化作用。幼树根系发达，成龄后，粗根较多，多向下伸展，树体生长健壮，树冠扩大较快，但嫁接品种结果晚，嫁接红灯一般4～5年结果，8年后才能进入盛果期，大量结果后，树势极易衰弱，甚至死树。抗旱、耐瘠薄、但不耐涝，在黏重土壤生长不良；耐寒力很强。根癌病、萎蔫病和细菌性溃疡病比马扎德轻。不适宜潮湿、黏重的土壤。有小脚现象。

4. 中国樱桃

中国樱桃类型繁多，分布广，繁殖容易，播种、分株、压条、扦插皆可，与甜樱桃嫁接亲和力强，成活率高。中国樱桃实生苗较抗根癌病，但病毒病较重。山东生产上常用的是大青叶、大窝娄叶、莱阳矮樱等。

大青叶是中国樱桃的一个类型，由山东烟台高新区甜樱桃砧木研究所推出。根系发达，垂直根较多，根深一般在 30 厘米以下，最深可在 1 米以上，分布范围广，易扦插、压条繁殖。与甜樱桃嫁接亲合力较强，无大小脚现象，嫁接树生长发育健壮，耐旱、耐瘠薄，对土壤适应性较强，在 pH8 以上的土壤上易出现黄化现象，抗寒力较差。

生产实践证明：中国樱桃砧木在平原地、黏重土壤栽培，容易发生涝害，流胶病严重，常造成死树，园相不整齐，特别是种子繁殖苗木，个体差异大。

5. ZY-1

郑州果树研究所推出。为半矮化砧，根系发达，生长健壮，与甜樱桃嫁接亲和性好，适应性广，早果性、丰产性、稳产性明显。但根被挖断时易长出根蘖苗，故应注意减少断根。

三、良种良砧壮苗配套技术

1. 良种良砧

一般，生长旺盛的品种嫁接在生长势稍弱的砧木上，相反紧凑型品种或容易丰产的自花结实品种嫁接在长势健壮的砧木上。例如，红灯、美早生长势强旺，建议嫁接在吉塞拉 6 半矮化砧木上，树体中庸，容易成花，结果早；若嫁接在考特砧木上，树体营养生长旺盛，进入结果期晚，需要控势促花才能结果；如拉宾斯、桑提娜，属自花结实品种，容易成花坐果，产量高，需要长势健壮的砧木，嫁接在马哈利、考特、大青叶砧木上效果更好，若嫁接在吉塞拉 5 砧木上，结实太多，果个小，树势容易衰弱。

2. 良种壮苗

良好的开始是成功的一半，选择良种壮苗至关重要，直接影响种植收益，要想尽早获得好的效益，必须认真对待苗木选择。苗木购买时，首先确定砧木品种、主栽品种、授粉品种，同时，考虑早、中、晚熟品种比例等；其次，考虑苗木规格，选择规格一致的良种壮苗。优质壮苗表现：苗干粗壮，直顺匀称，木质化程度高，无徒长现象；根系发达，主根完整，侧根多且分布均匀；砧木与接穗亲和力强，砧段长度适宜，无显著小脚现象；无病虫害，特别是根瘤病、病毒病。优质大苗对环境的适应力强，栽植成活率高，缓苗快，生长旺盛，建议选择大苗、壮苗。

依据各地气候条件、土壤质地和栽培管理水平确定合适的砧木品种。不同砧木对甜樱桃的结果早晚、果实品质、树体大小以及对不同土壤的适应能力和抗逆性都有很大的影响，如：半矮化或矮化砧木，进入结果期早；根系发达砧木，固地性强。建议：丘陵山地宜选择生长势旺盛的砧木，如考特、马哈利、大青叶等，特别是砂质薄地，不宜选择矮化砧木苗；平原地建议选择生长势稍弱的砧木，如吉塞拉 6、ZY-1、马哈利等，抗寒、抗旱、抗涝、耐盐碱、耐瘠薄等；投入和管理水平较高的小面积果园，可以选择吉塞拉 5进行高密栽培。

依据栽植模式选择砧木类型和苗木规格，如考虑避雨或大棚促成栽培时，为提早见效，选择大苗建园，同时考虑树体高度相对低些，宜选择矮化砧木；选择 4 年生以上大树移栽时最好带土球，提高成活率，减少缓苗时间。

第四章 建园技术

甜樱桃建园，园地、砧木和栽培品种选择是基础；果园规划整理、适宜树形、栽植方式、栽植密度及授粉品种配置是关键；第一年的刻芽促枝、嫩枝开角、扶助中干、肥水管理和病虫防治是保障。高标准建设甜樱桃园，将对甜樱桃早实丰产、优质高效和省工省力管理，起到重要作用。

一、园地选择与规划整理

1. 园地选择

以丘陵或平原的砂壤土、砾质壤土或壤土为宜，pH 值为 6.5～7.5，土层厚度一般要达到 60～100 厘米，透气性好，保水、保肥力强。黏土地、盐碱地、重茬地不宜栽培。甜樱桃枝叶繁茂，蒸发量大，且根系较浅，呼吸旺盛，对土壤水分状况比较敏感，建园宜选择地势高、不易积水、地下水位较低的地块，同时灌溉条件要好，排水条件良好，不内涝。甜樱桃容易遭受花期晚霜冻害，"雪下高山，霜打洼"，因此，四面环山的盆地、地势低洼的平地、丘陵地的深谷地等小气候区域不宜栽植甜樱桃。

2. 果园设计

栽植前根据园地面积和形状，首先应对栽植行向、密度和方式作出合理安排。大面积连片果园，还必须设计道路系统，便于物资运输。其次应建设必要的辅助设施，修造灌溉排水系统、农药库、配药池、库房等。山地或丘陵建园，要建设必要的水土保持工程和营造防护林。

栽植行向一般采用南北行。因为东西行吸收的直射光要比南北行少 13%，而且南北两侧受光均匀，中午强光入射角度大；东西行树冠北面自身遮阴比较严重，尤其是密植园盛果期间株间遮阴更为突出。

株行距选择上主要采用宽行密株矮化密植，一般要求行距比株距大 2 米左右，如果考虑机械作业，行距还应再宽些。

在果园防护上，不提倡用高大的围墙、花椒、枸橘甚至树莓、葡萄等圈起来，易造成果园通风透光条件差，树体徒长、虚旺、抗病能力差，影响产量和品质。

3. 土壤整理

首先进行土壤分析与改良。定植前，进行土壤分析，依据结果对土壤 pH 值和有机质含量进行调整，适宜的 pH 值为 6.5～7.5，适宜的有机质含量在 1.5% 以上。土壤改良，施足基肥，一般每亩施腐熟的牛粪或土杂肥 5000 千克，撒施后，进行全园耕翻耙平；提倡顺行开沟，定植沟的宽度为 100 厘米，深度 60～70 厘米。回填时，沟的底部可放一些作物秸秆，也可结合施一些有机肥，下部应用原土层土或用结构松散的砂土回填，以提高透水性，表土回填在上层。沿行向起垄，垄宽 100～120 厘米、高 30 厘米左右。

丘陵地不提倡整成台田，提倡管道肥水、顺坡成行栽植，方便行间机械作业。

如果园地较小或不便利用机械作业，可采取挖穴定植，一般直径 100 厘米，深度 60 厘米。对已有梯田，应挖好堰下排水沟和贮水坑，以切断渗透水，防止内涝。堰下沟的深度依地堰的高度而定，地堰低可挖浅一些，地堰高应挖深一些，一般挖宽 60 厘米、深 50～60 厘米为宜。

二、定植技术

1. 定植时期

甜樱桃一般在春、秋两个时期栽植。因甜樱桃不耐寒，最好还是在春季栽植。尤其是在冬季多风、干旱、地势低洼、温度低的地方，秋栽苗木容易失水"抽干"，影响生长发育，降低成活率。

春季栽植宜在土壤解冻后至苗木发芽前进行，在近发芽期定植成活率高。

秋栽即苗木从落叶后到土壤冻结前栽植，这时由于土壤温度较高，墒情较好，栽后根系伤口容易愈合，有利于根系恢复和发生新根。一般栽植成活率高，缓苗期短，萌芽早，生长快。冬季寒冷地区，采用秋栽方法，栽后埋土防寒是必不可少的措施，否则很容易发生抽条，降低成活率。

果园缺株补植可以早秋带叶移栽，一般在9月下旬到10月上旬进行。提倡带土球，随挖随栽，栽后及时灌水。以阴雨天或雨前定植为好。

2. 苗木处理

登记分级，栽植前对苗木的砧木、品种进行审核、登记和标识，进行根系修剪和苗木分级，为保证果园整齐，大苗、壮苗集中栽于一片，小苗、弱苗栽于另一片；根系处理，栽植前先将苗木根系放入清水浸泡根系12～24小时，再用加有K84和生根剂的泥浆蘸根，促发新根，抑制根瘤。

3. 栽植密度

根据园地立地条件、土壤质地、品种特性及砧木种类、整形方式等具体情况进行设计，合理利用土地，充分利用光能，以取得较高的效益。提倡宽行密株。

土壤肥沃、水浇条件好的平地园片，乔砧密植模式，推荐密度一般株距2～3米，行距4.5～5.5米，株行距大小因选择的树形而异，如：丛枝形推荐株行距为2.5米×5.0米，细长纺锤形推荐株行距为2.0米×4.5米，不定干的V形整枝株行距为0.75米×（5.0～5.5）米；矮砧密植模式，一般株距0.75～2.0米，行距

3.5～4.5 米，如高纺锤形推荐株行距为 0.75 米×3.5 米，可以不定干；细长纺锤形株行距为（1.5～2.0）米×4.5 米，直立主枝树形推荐株行距为 1.8 米×3.5 米。计划密植或设施促成栽培，树体管理更加精细，可以加密栽植。丘陵果园，可采用（2～3）米×（4～5）米。

4. 定植方法

全面深翻的园地，不需再挖大的定植穴，可根据苗木根系的大小挖坑栽植。挖定植穴和定植沟的园地，要在栽植前，先将部分表土、土杂肥混合均匀，回填至坑内，略微踏实。苗木栽植时，把苗木放入定植穴中，伸展根系，纵横方向对齐，再开始埋土，土中可混入少许磷肥和尿素，但不宜过多，防止烧根。填土过程中，要将苗木略略上提，使根系舒展，最后用脚踏实，深度与原来的苗圃的入土位置相同。切忌栽植过深。

苗木栽植后要随即浇水，水渗入后，用土封穴，并在苗木周围培成高 30 厘米左右的土堆，以利保蓄土壤水分，防止苗木被风吹歪。苗木发芽后，要视天气情况，及时灌水和排水，以利成活，促使新梢迅速生长。值得说明的是，栽树不必挖大坑、施大肥、浇大水，以刚好能舒展地放下根系为好，将苗木栽在地表 20～30 厘米的耕作层即熟土上，根据土壤墒情少量浇水即可。这样栽的树发苗快，前期生长迅速，又省工，投资小。

平面台式或起垄栽植技术，具体做法是：平地，每公顷撒施腐熟的优质土杂肥 45～75 吨，旋耕 20 厘米深，耙平。按照预定的株行距画线、打点。栽植时，每株树苗的位置先放少量复合肥，约 50 克，上盖 2 锨土，将苗轻轻放在土堆上，扶直，将行间表土培在根部，踏实，栽好后将行间的表土沿行向培成台（垄），上宽 60 厘米、下宽 100～120 厘米、高 30～50 厘米，沿行向铺设一条滴灌管，盖黑地膜防草，充分灌足水。

5. 支架设置

苗木栽植后要设立支架。支架材料有水泥柱、竹竿、铁丝等。顺行向每隔 10～15 米设立一根高 4 米左右的钢筋混凝土立柱，上面拉 3～5 道铁丝，间距 60～80 厘米。每株树设立 1 根高 4 米左右的竹竿或木杆，并固定在铁丝上，再将幼树主干绑缚其上。

三、栽植后第一年管理

1. 灌水

苗木栽植后要确保浇灌 3 次水，即栽后立即灌足水，等水充分渗入后再覆土，之后每隔 10～15 天灌水一次，连灌 2 次，以后视天气情况浇水促进生长，这是保证栽植成活率的关键。有条件管理，定植后立即安装管道灌溉系统，省工省力。

2. 施肥

5～7 月进行 2～4 次追肥，前期每次每株施尿素或磷酸二铵 30～50 克，后期适当增加磷钾肥。9 月以后要适当控肥控水，促进枝条充实。

定干抹芽：因选择树形和苗木质量进行定干处理，纺锤形一般在 80～120 厘米处定干，剪口距第一芽 1.0 厘米，第二芽会发育成竞争枝，及时抹去或生长至 15～20 厘米时回缩控制生长；留第三个芽，第 4、第 5 个芽抹去，留第 7 个芽，依此进行，距地面 40 厘米以下不留芽。杯状形或小冠疏层形，40～60 厘米定干。高纺锤形或直立主枝树形，不定干。严格控制强侧枝生长，保持中干直立。

3. 生草覆盖

树盘进行地膜覆盖，具有增温、保温、蓄水保墒作用。行间进行人工种草或间作矮生作物。行间不要间作高 50 厘米以上的作物，且间作物与幼树要保持 1.2 米的清耕带。

4. 病虫防治

春季定干后，在整形带上套一个塑膜袋，防虫咬，促进早发芽。并根据发芽情况撕袋放风，增加春梢生长量。

5. 涂白、埋土防寒

土壤封冻前进行树干涂白，涂白剂配方为1份硫酸铜、3份生石灰、25份水、1份豆面；涂白后在树苗根茎部培高40厘米、宽40厘米左右的土堆，幼树防寒效果好。

第五章 矮化密植树形与修剪技术

树形与品种和栽植密度都是建园技术系统中关键技术，直接影响到果园的通风透光和早实丰产。矮化密植果园，选择适宜的树形至关重要，一方面防止果园郁闭，确保园相整齐，群体结构通透，特别是行间要有适当的空间，方便作业；另一方面，通过整形修剪技术，保证树相整齐、健壮、匀称，单株树体结构合理，枝条稀密适度，便于管理，改善冠内通风透光条件，平衡生长与结果关系。

修剪主要是控制树体高度、辅助中干强壮、明确主侧枝配置数量，控制主侧枝延长枝、配置结果枝。

一、有关生长习性

1. 顶端优势

甜樱桃顶端优势明显，极性生长差异显著。一般顶端的芽，萌芽率高，成枝力强，且分枝角度小，枝条下部的芽萌芽率低，成枝力弱，容易造成上强下弱。幼树整形期间，上部生长极性强，顶端抽生 3～5 个强旺发育枝，而下部仅抽生少量短枝和部分叶丛枝，如果放任顶端新梢旺长，就会出现明显的顶端优势，造成下部枝因营养不良发育弱小甚至干枯死亡；初盛果期突出表现在外围发育枝无论短截还是不短截，其顶部均易抽生 2～5 个长枝，形成二叉枝、三叉枝或四叉枝，甚至更多的长枝，其下抽生少量短枝、中枝和叶丛枝，很容易造成光腿现象。因此，幼树如何控制顶端优势和极性生长，是整修修剪中最为关键的技术措施。

2.芽的早熟性

甜樱桃的芽具有早熟性，当年新梢上的芽能抽生副梢。利用这一特点，可进行摘心、轻短截等夏季修剪措施，促发分枝，促进成花，达到早果丰产的目的。

3.分枝角度

甜樱桃幼树长枝，分枝角度小，顶端优势强，易形成直立生长的强旺枝，造成上强下弱，树形紊乱，不易成花，结果晚。运用牙签、开角器、拿枝、拉枝等方法，尽早开张枝条角度，使枝势缓和，有利于成形和成花。

4.萌芽力、成枝力

甜樱桃幼树的萌芽率高，成枝力强，肥水良好的情况下生长量大。因此，整形修剪时，要充分利用这一特点，采用轻剪长放，以夏剪为主，促控结合，扩冠成型，促进花芽形成，早结果。

5.生长结果特点

不同砧木、品种组合，生长结果习性不同，对整形修剪的要求不同。如乔砧嫁接生长势强的红灯、美早品种，树体生长强旺，进入结果期晚，树形宜采用主干形或变则主干形。矮化砧嫁接自花结实品种桑提娜、拉宾斯等，树体进入结果期早，树势容易衰弱，树形宜采用丛状形和超细纺锤形等。

甜樱桃以短果枝和长果枝结果为主，长果枝只有基部节间短缩部分的腋芽转化为花芽，其余上部的芽都为叶芽。另外，长果枝上花芽不如短果枝花芽充实饱满，因此，修剪上应争取多形成短枝。

甜樱桃对光照要求高，在大枝密集、外围枝量多、冠内通风透光条件差的情况下，内膛小枝和枝组易枯死，因此减少外围枝量，缓和先端生长势，改善通风透光条件，是提高甜樱桃树冠内枝条质量和延长其结果寿命的两条主要途径。

不同树龄的甜樱桃，其生长结果习性不同，修剪的方法和目的也有差异。幼树期，以整形为主，修剪的目的是增加枝叶量，迅速扩大树冠，促其及早成花结果；盛果期以结果为主，修剪的目的是缓和树势，培养结果枝组，增加结果面积，促进营养生长向生殖生长转化。对旺盛生长树，应轻剪缓放，缓和树势，促进结果枝形成；对生长势弱的树，应加强短截，局部促进其生长势，促进树体更加复壮。

立地条件差的果园，树体生长偏弱，宜采用低树干、小冠形整枝，并注意复壮修剪；立地条件好的果园，树体生长势较旺，宜采用大、中型树冠整枝，并适当轻剪缓放，促进早成花芽，早结果。栽植密度较大的果园，宜采用小冠型整枝，早期促进树冠的形成，随时采取促花修剪措施。对计划密植的果园，临时植株与永久性植株易采取不同的修剪特点，修剪的目的是促使临时株早结果，永久株迅速成形，待永久株结果后，再间伐临时株。

二、矮化密植主要树形

树形，简单说就是干与枝的组合。干分为主干和中心干，有直立、斜生之分；枝主要为主枝、侧枝、结果枝，主枝一般为永久性枝，侧枝和结果枝为临时性枝，可根据需要进行及时更新。树形多数为有主干有中心干，部分有主干无中心干，少数为无干树形，如中心领导干形、小冠疏层形、纺锤形、柱形等都是有干树形，只是配置的枝的类型、位置、数量不同而已。纺锤形可以依据砧木、栽植密度分别配置不同枝类，组成不同形式的纺锤形，中心干上配置10～15个单轴延伸的侧枝，为自由纺锤形；中心干下部有三大主枝（主枝上配置侧枝）的树形称为改良纺锤形；中心干上直接着生15～30个侧枝（配置结果枝）的树形称为细长纺锤形，侧枝粗度为中心干粗度的1/5～1/3；中心干上直接着生25～40个小侧枝或临时性结果枝的树形称为高纺锤形或超细纺锤形，小侧枝粗度小于着生处中心干粗度的1/5，侧枝可以及时更新。扇形、直立主枝树形（UFO）也是有干树形，但 UFO 树形主干呈 45°斜立，且中心干呈水平状。杯状形、多数开心形和丛枝形为有主干无中心干树形，只是主干高低不同，主枝配置数量、侧枝位置和开张角度不同。尚有无主干开心形和丛枝形，如宽窄行定植不定干的开心模式。矮化密植主要树形如下。

1. 中心领导干形

20～25 个侧枝呈螺旋状均匀分布在中心干上，中干下部的侧枝向上生长，中部的侧枝水平生长，顶部侧枝略向下生长。适宜株行距（2.0～2.5)米×4.5 米，树高 3.6 米（行距的 80％）。见图 5-1。

图 5-1　中心领导干形

整形技术：选中等大小的苗木（高 1.3～2 米）定植后，不定干，但分枝留 25 毫米短桩疏除；利用简单的支架辅助植株直立生长。采取涂抹发枝素、刻芽、梢端疏嫩梢等措施促进分枝；中心干上距地面 50 厘米以下的枝条全部疏除。注意：当枝条生长至 20 厘米左右时用牙签或木制衣夹开张角度；中心干基部枝条长 50～60 厘米时，拿枝开张角度生长；第一年可形成多个侧枝。第二年完成树体结构，对侧枝延长部分促进生长，单轴延伸，长度控制在 90～150 厘米，株间小，行间大。树体达到要求高度时，通过夏季修剪和干旱控制中心干延长枝，保持单轴延伸和树体平衡。

2. 自由纺锤形

适宜株行距（2.5～3.0）米×（4.5～5.0）米，适宜乔砧矮化密植。干高 60～70 厘米，中心干上均匀配置 10～15 个侧枝，不分层，上下不重叠，侧枝上直接着生结果枝组。下层侧枝与中心干基角角度 70°左右，上层侧枝基角接近 90°，下部侧枝长，上部侧枝短，每个侧枝上有拉平的 3～4 个大型结果枝组。下部侧枝间距 10～15 厘米，上部侧枝间距 15～20 厘米。保证中干的生长优势，严格控制侧枝的粗度，一般侧枝的粗度为着生部位中干粗度的 1/3。

3. 细长纺锤形

适宜株行距（1.5～2.5）米×（4～4.5）米，适宜矮化砧的矮化密植。树体高度控制在 2.5～3.5 米。中心干上的侧枝细而多，侧枝数达 15～30 个，严格控制主枝的粗度，一般侧枝粗度为着生处中干粗度的 1/5～1/3。下层侧枝基角 70°～80°，中上层侧枝呈水平状，其梢部可下垂，树体下部冠幅较大，上部较小，全树修长，呈细长纺锤形。采用支柱辅助中心干生长，轻剪长放，促进早结果，一般 2 年见果，5 年丰产；及时更新侧枝和结果枝，保证结果部位不外延和果实品质。

第一年：苗木高度 60～120 厘米处定干，剪口下第 1 个芽距剪口 1.0 厘米以上，第一个芽将萌生强旺枝做中干延长枝；剪口下第

2个芽抹去，防止成为中干延长枝的竞争枝；保留第3个芽，下部芽看具体数量进行刻芽促进萌发，培养侧枝。当生长至20厘米左右进行牙签或开角器开张角度。

4. 高纺锤形

适宜吉塞拉矮化砧木，株行距（0.8～1.5）米×（3.5～4.0）米，树高为行距的90%，中心干上着生25～40个临时性结果枝。大苗定植，不定干，通过刻芽、涂发枝素促生分枝，顶梢生长至5～10厘米时确定为中心干延长枝，其下2～3个竞争新梢及时抹除，预防形成三叉枝等，保持中心干直立，侧生新梢15～20厘米时牙签撑枝开角，半木质化时拿枝开角，7月中旬前将所有分枝拉至水平或下垂。中心干上的分枝过大时要疏除更新，每年疏除1～3个。

5. 直立主枝树形

直立主枝树形是适合甜樱桃矮砧密植栽培的新树形，树体结构级次少，主枝6～12个，呈篱壁式着生在拉平的中干上，间距15～20厘米，直立生长，成形后树高2.6～3米，整个树形呈"一面墙"式结构。该树形适用于矮化砧甜樱桃树，用吉塞拉5号做砧木的树，适宜株行距为（1.5～1.8）米×（3～3.5）米，用吉塞拉6号做砧木的树，株行距为（1.8～2.4）米×（3～3.5）米。见图5-2。

主要优点：早实性好，进入盛果期早，直立主枝树形不定干，定植后将中干拉平，在其上直接培养直立生长的主枝，成形快，无徒长枝，花芽形成早，第2年结果，3～4年进入初盛果期。

高度密植，单位面积产量高，采用直立主枝树形每亩可栽105～148株，土地利用率高，单位面积产量比传统的主干疏层形和纺锤形等树形高。据Matthew Whiting教授介绍，5年生美早/吉塞拉6号采用直立主枝树形亩产量为1667千克，比中干树形的1000千克增产66.7%。

通风透光性好，果实品质佳，直立主枝树形奠定了果实优质的

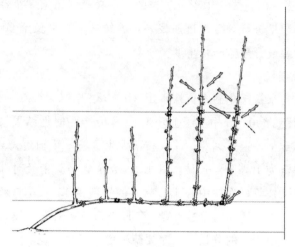

图 5-2　直立主枝树形

基础，该树形由拉平的中十和直立生长的主枝组成，级次少，营养消耗少，通风透光好，果实着色好、果个大，产量高。不存在枝叶重叠现象，不易发生腐烂病和流胶病。

便于机械化管理，修剪、喷药、采摘效率高。直立主枝树形顺行向看十分整齐，似一面"墙"，修剪时只需将"墙面"的侧枝疏除，修剪机器顺行进入，将两侧的侧枝快速剪除，操作简单，省时、省工。该树体"一面墙"式结构特点也使机械化喷药均匀、高效。直立主枝树形的树体结构简单，比传统树形更适合机械化采收。采摘机器可同时采收多行甜樱桃树，速度快，安全系数高。Matthew Whiting 教授比较了中干形和直立主枝树形的人工采收速度，结果表明，两种树形每分钟的采果量分别为 0.54 千克和 0.81千克，后者每分钟采摘量提高了 50%。

整形修剪技术如下所述。

（1）定植第 1 年　选择无侧生分枝、高度稍大于株距的苗木定植，顺行向斜栽，主干与地面夹角为 45°～60°，不定干。

顺行向立支柱，拉两道水平铁丝做支架，第一道铁丝距地面50～55厘米（相当于主干垂直高度），第二道铁丝距地面150～155厘米。当苗木上部芽抽生新梢后将中干绑扶在第一道铁丝上，去除背下芽和侧芽，选留背上芽所抽生的枝条作为主枝进行培养，未来的主枝间距15～20厘米。新梢长100厘米左右时将其绑缚在第2道铁丝上，保证枝条直立生长。定植当年中心干和部分主枝基部即有少量花芽形成。为使树体营养生长健壮，可将花芽疏除。

（2）定植第2年　构建树形，培养主枝和结果枝。春季萌芽前去除主枝上的所有侧生分枝，对中心干上靠近主干部分的背上芽涂抹发枝素或刻芽促进萌发，培养主枝；生长季进行绑缚、摘心，控制旺长，适时进行控水、控肥，控制树势，促进成花。第2年主枝基部可形成大量花芽，转变成结果枝。

（3）定植第3年　进一步培养主枝和结果枝组，促进花芽形成。生长季对主枝进行摘心，控制顶端优势。主枝下部可形成大量花芽，亩产量达200～400千克。采果后去除病虫枝、衰弱枝；休眠期继续对主枝进行甩放，疏除其上的侧生分枝；对过旺的主枝基部留1个芽疏除，翌年便可发育成新的主枝，长度约100厘米时将其绑扶在第二道铁丝上。第3年末树高2.6～3.0米，树形构建完成。

（4）定植第3年以后　疏除主枝上的侧生分枝，将过长的主枝留2.2～2.5厘米及时回缩，去除衰弱枝、下垂枝、病虫枝。对过旺枝基部留行向方向的芽进行短截，让其抽生新枝，复壮树势。保证丰产稳产、更新复壮、延长结果年限是修剪结果期树的主要任务。

直立主枝树形与国内甜樱桃树上应用的"一边倒"树形相比，共同点为密植、支架栽培模式；不定干，苗木斜栽；具有早实、矮化、易管理等特点。不同之处在于直立主枝树形树体为行内斜栽，中干被拉至水平，主枝在水平中心干上直立生长，呈"一面墙"式结构；"一边倒"树形，苗木为行间斜栽，中干不拉平，保持挺直，主枝均匀着生在中心干两侧，与中心干呈一定角度交替分布。直立主枝树形比"一边倒"树形通风透光性更好，树形更整齐、易管理，机械化操作程度更高。直立主枝树形削弱了中心干的顶端优势，主枝发育健壮整齐，果实大小均匀，易分级。

采用直立主枝树形宜选用矮化砧木苗木，如以吉塞拉 5 号和吉塞拉 6 号作砧木的甜樱桃树。若采用考特等生长势旺盛的砧木，宜嫁接生长势较弱的甜樱桃品种，如早大果和拉宾斯等。同时要结合控制肥水、喷施 PBO 等措施来控制树势，使树体尽快进入结果期。

6. 西班牙丛枝形

甜樱桃顶端优势强，生产中树体大多比较高大，采摘和管理困难，为方便采摘，国外提出"徒步果园"（Pedestrian Orchard）概念，即通过整形修剪或应用矮化砧木使树体矮化，采收樱桃时不用梯子即可完成，大大提高采收效率。徒步果园最先推广的树形是西班牙丛状形。

西班牙丛状形树高 2.5 米左右主干高度 30 厘米，主干上着生 4～5 个主枝，每个主枝上着生 4～5 个单轴延伸的结果枝组，适宜密度 (1.8～2.5)米×(4.5～5.5)米。传统的西班牙丛枝形定植时，树体在 30～40 厘米处定干，以促进主枝萌发。在晚春或者早夏，当主枝生长旺盛足可以促进二次枝条的生长时，把主枝回缩到 4～5 个芽处。第一年树体矮小，有 8～10 个二次枝条。第二年春季第三次短截，6～7 月第四次短截，第三年底树形形成。

7. 澳大利亚丛枝形

由主干和四个直立生长的主枝构成，主枝上均匀分布水平生长的结果枝组，且向外生长。没有中心领导干，无支架系统。适宜株行距 2.5 米×4.5 米。见图 5-3。

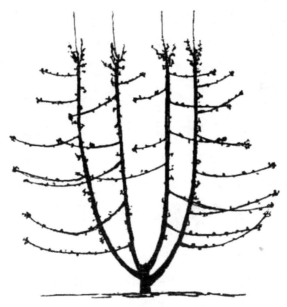

图 5-3　澳大利亚丛枝形

　　整形技术：定植中等大小的苗木（下部有大量的芽），30 厘米定干；新梢长度 30 厘米时，选定 4 个作为主枝培养，其他枝条留短桩疏除；立竹竿保护主枝生长，使主枝最大限度地直立生长，第一年后树体大约 2.0 米。第二年促进分枝，并通过撑枝、摘心、扭梢、干旱等措施培养结果枝组，使每个主枝形成大量的结果枝。树体高度大约 2.7 米，树形宽 2.5 米。

　　8. KGB（Kym Green Bush）形

　　澳大利亚 Kym Green 创立的树形，是西班牙丛状形的改进，树高 2.5 米左右，全树 15～25 个主枝，无主无侧，全部直立生长，无永久枝。整形简单，对乔化和矮化砧木都有用。栽植后 50～60 厘米定干，注意剪口下有 3～4 个饱满芽，当新梢生长至 60 厘米左右时大约在 5 月底至 6 月初，对新梢留 10～15 厘米进行短截促发分枝，如果苗木弱，新梢比较短，可以留到冬剪。休眠期和第 2 年

5、6 月份新梢长 60 厘米左右时，重复上述修剪过程，即留 10～15 厘米短截。经过 2～3 次短截后，全树主枝数量约 20 个，矮化砧树可以不再短截，乔砧树为控制生长，缓和树势，再短截 1 次，全树有 30 多个主枝。主体结构形成后，疏剪树体中心部位的枝条，以利通风透光。

更新修建：每年对较大的主枝留 15～20 厘米回缩，更新枝占总枝量的 20%。全树主枝每 4～5 年更新一遍。主枝上不保留侧枝，一般在采收后、秋季或者休眠期疏除侧枝。外围生长的侧枝不影响通风透光的可以保留。每年轻短截所有新梢，剪掉 1/3 左右。

9. V 形（Tatura Trellis）

塔图拉网架树形，即"V"形，适宜密度为株距 1.50 米，行距 4.50～5.50 米。有主干，主枝 2 个，呈相对方向向行间分布，V 形角度因行距不同而异，行距 5.00 米或 5.50 米时 V 形角度为 60°；行距为 4.50 米时 V 形角度为 50°或 45°，树高控制在行距的 60% 为宜。见图 5-4。

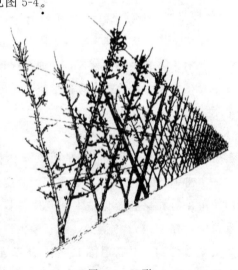

图 5-4　V 形

主要整形技术要点如下所述。

(1) 第一年　定干高度 40 厘米；刻芽或涂发枝素促进萌芽；保护枝干免受病虫侵害，保护主干免受除草剂伤害；通过网架用细绳引缚主枝；允许枝条生长至 1.50～2.00 米；选定两个相等大小的主枝；夏季疏除侧枝促进主枝生长。

(2) 第二年　促进形成结果枝。主要措施：萌芽前 10～14 天（芽膨大至萌芽前）在主枝上涂抹发枝素促进芽萌发；用环割刀在芽上方环刻 180°，深达木质部，促进萌芽（随时喷杀菌剂）；摘除主枝顶部 4～5 个嫩梢，控制顶端优势；疏除内膛枝、留 10 毫米短桩疏除主枝延长枝的竞争枝；用木制衣夹开张旺盛新梢基角；保持主枝与分枝粗度比 3∶1；强旺枝进行扭梢拉平；适当干旱树体。使每个主枝形成 15～25 个侧枝，枝条长度、数量、着生角度良好。

(3) 第三年　继续在主干盲区促进侧枝的萌发，当芽萌动时刻芽并涂抹发枝素；侧枝生长旺盛时进行修剪控制树势；夏季开张枝条角度；第三年末支架上形成了大量的结果枝。

(4) 第四年　保持树体有良好的生长空间，由于结果使果枝下坠，利用塑料绳把结果枝绑缚在支架上，合理安排生长空间。疏除内膛生长的旺盛枝条，保留内膛生长位置低的枝条，开张树冠开张。疏除枝条保持通风透光；控制树高，行距为 5 米时，其高度不超过 3 米。

整形技术的总体原则：形成短的结果枝组，保持树体结构，利于树冠的通风透光。进行夏季修剪；果实收获后，控制树势。

10. 开心形（Open Tatura）

开心塔图拉模式为宽窄行种植，每两行树形成 V 形，每株树为一个主枝，树体与地角度面呈 45°，窄行间距为 0.50 米，行内株间距 1.50 米，V 形角度为 35°，宽行间距 4.00 米，树高 2.70 米。（株行距 0.75 米×4.50 米）。利用支架使树体开张。主要特点：高密度栽培有利于早实；树体定植后不需定干；第一年就形成分枝，促进成花；开心 V 形有利于树体透光；树形结构有利于夏季修剪和果实的采收。见图 5-5。

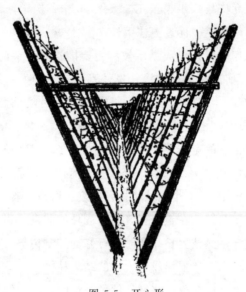

图 5-5　开心形

整形技术：第一年定植，苗木以中等大小（1.5～1.8 米）为宜，定植后，所有分枝保留 2.5 厘米疏除。树体低部结果枝长度为 30 厘米，顶部结果枝长度为 15 厘米，保持结果枝短小有利于树体的透光。

三、修剪技术

包括剪枝和剪根。剪枝主要是培养合理的树体结构，协调生长和结果的关系，达到早实、优质、丰产和便于管理。剪根一般结合秋施有机肥深翻土壤进行根系修剪，乔砧高密栽培时需要单独断根修剪。

修剪分为生长季修剪和休眠期修剪。

（1）生长季修剪　主要指夏季修剪，包括抹芽、刻芽、摘心、拉枝、撑枝、拿枝、疏枝等，一般7月中旬后不再摘心或夏剪，确保新梢发育充实，木质化程度高，减少抽条或冻害。

（2）休眠期修剪　主要指冬季修剪，但多在萌芽前春季进行，最佳时期宜在树液流动之后至萌芽前这段时期，主要措施有缓放、疏枝、短截等。以生长季修剪为主，冬季修剪为辅。

具体介绍如下。

1. 生长季修剪

（1）抹芽　即在整形期间抹除竞争芽和层间不需要发枝的芽。

（2）刻芽　目的是求枝和促花，一般在萌芽前树液流动后进行，在芽眼上方0.5厘米处横刻，深达木质部，促进萌发；整形求枝，主要在中心干上刻芽；促花刻芽主要在生长旺盛发育枝两侧进行，旺枝可以每个芽都刻。

（3）开角　即开张枝条角度，主要指主枝或侧枝基角，削弱顶端优势，缓和枝势，增加短枝量，促进花芽形成，另外，改善树冠内膛光照条件，防止结果部位外移。新梢15～20厘米长时用牙签撑开或开角器开张角度，操作省工省力；40～60厘米新梢半木质化时拿枝开角效果好，也可秋季或拉枝开张角度。由于甜樱桃幼树生长旺盛，主枝基角小，枝条直立，应及早开角。

（4）拉枝　一般在春季树液开始流动之后进行，也可在采收后进行。拉枝很容易劈裂造成分枝处受伤流胶，拉枝前用手摇晃大枝基部使之软化，避免劈裂，也易开角。同时注意调节主枝在树冠空间的位置，使之分布均匀。

（5）摘心　目的是控制新梢旺长，促进分枝，培养背上枝组，促进成花；分为轻摘心和重摘心，轻摘心只摘除生长点，重摘心去掉新梢10～15厘米，在半木质化部位进行。当新梢长到5～7厘米左右时去掉生长点轻摘心，再长5~7厘米再去生长点轻摘心，如此反复进行，目的是控长促花，主要在侧枝上的新梢进行。当主枝两侧新梢生长至20厘米左右时，保留3~4个饱满芽，去掉10厘米左右，在半木质化部位摘心，有促枝成花作用。主枝延长枝新梢长到40厘米左右，在半木质化部位处剪去10厘米左右，促生分枝。背上枝可轻摘心和重摘心结合使用，培养结果枝组。

（6）疏枝　采收后疏除过密枝。

（7）扭梢　当新梢半木质化时，于基部4~5片叶处轻轻扭转并伤及木质部，使新梢下垂或水平生长。主要应用于中庸枝和旺枝。扭梢时间可在5月底至6月初进行。扭梢后减少枝条顶端的生长量，相对的增强枝条下部的优势，有利于花芽形成。扭梢时间要把握好，扭梢过早，新梢嫩，易折断；扭梢过晚，新梢已木质化且硬脆，不易扭曲，用力过大易折断。

2. 冬季修剪

甜樱桃冬季修剪的方法比较多，主要有缓放、回缩、短截、疏枝等。一般轻剪、缓放。轻剪缓放、连年缓放、单头延伸是甜樱桃修剪的基本方法，这种方法使枝条养分易积累，容易形成花芽。

（1）短截　剪去一年生枝梢的一部分的修剪方法，称为"短截"。依据短截程度，可分为轻短截、中短截、重短截、极重短截四种。

① 轻短截：剪去枝条的1/4~1/3。其枝的特点是成枝数量多，一般平均抽生枝条数量在3个左右。轻短截削弱了枝条的顶端优势，缓和了顶端枝条的生长优势，增加了短枝数量，上部枝易转化为中、长果枝和混合枝。

② 中短截：剪去枝条的1/2。特点是有利于维持顶端优势，一般成枝力强于轻短截和重短截，新梢生长健壮，平均成枝量3~5个。中短截主要用于骨干枝（如主、侧枝延长枝）的短截，扩大树

冠，还可用于中、长结果枝组的培养。

③ 重短截：剪去枝条全长 2/3 以上。其特点是能够加强顶端优势，促进新梢生长。成枝数量少，成枝力较弱，平均成枝数 2 个左右。在幼树整形过程中起到平衡树势的作用。另外，可利用背上枝培养结果枝组，第一年行重短截，翌年对抽生出的中、长枝采用去强留弱，去直留斜的方法培养结果枝组。

④ 极重短截：剪去枝条的 4/5 以上，留基部 2～10 厘米。在幼树期采用纺锤形整形过程中，为了增加干/枝粗度比，一般采用极重短截，对中干上萌发的 1 年生枝条留 3～5 芽极重短截，培养枝轴较细的侧分枝。

（2）缓放　对一年生枝不行短截，任其自然生长的修剪方法。缓放与短截的作用效果正好相反，主要是缓和枝势、树势，调节枝叶量，增加结果枝和花芽数量。

因此，在甜樱桃幼树和初果期树上，适当缓放中庸斜生枝条，是增加枝量、减缓长势，早成、多成花束状果枝，争取提早结果和早期丰产的有效措施之一。

（3）回缩　剪去或锯去多年生枝的一部分，又称缩剪；对结果枝组和结果枝进行回缩修剪，可以使保留下来的枝芽具有较多的水分和养分，有利于壮势和促花。

（4）疏枝　1 年生枝从基部剪除或多年生枝从基部剪除。疏枝主要用于树冠外围过旺、过密或扰乱树形的大枝。疏枝有利于改善树冠内膛光照条件，均衡树势，减少营养消耗，促进花芽形成。在整形期间，为减少冬季修剪时的疏枝量，生长季应加强抹芽、摘心、扭梢等措施。对于一定要疏除的大枝，一般于采果后进行疏剪。不宜一次疏除过多，要分期、分批进行。

第六章　提高坐果技术

一、甜樱桃坐果率低的原因分析

1. 缺少授粉品种或授粉品种配置不当

甜樱桃多数品种为自花传粉不结实，需异花传粉，因此栽植时不能品种单一，需要配置授粉品种；同时部分品种花期不遇、异花传粉也不亲和，必须配置花期一致、异花传粉亲和的品种作为授粉品种。值得一提的是加拿大自 1968 年推出第一个自交亲和品种"斯得拉"，至今世界各地已推出许多自交亲和品种，因此选择品种时尽量选择自交亲和品种，如桑提娜、拉宾斯、艳阳、甜心等。

甜樱桃自交不亲和性，在遗传上由具有复等位基因的单一位点即 S 位点控制。目前已研究发现甜樱桃该位点上的等位基因有 13 个 S 基因位点，分别标记为 $S_1, S_2, \cdots, S_{13}$，当花粉和雌蕊中所携带的 S 基因相同时发生不亲和，通常不亲和的花粉可以在柱头上萌发，但萌发后的花粉管在花柱中的生长受到抑制。目前甜樱桃不亲和基因型组合 22 个（见表 6-1）。一些甜樱桃园虽然搭配了不同的品种进行授粉，但结实率仍然较低，主要原因是授粉品种与主栽品种的 S-基因型相同，属于不亲和组群，如生产上主栽早熟品种红灯、美早、红艳、抉择、布莱特、莫利、秦林、早红宝石等品种的 S 基因型均为 $S_3 S_9$，这些品种互相授粉不亲和，自然也就不坐果，表现产量低；乌克兰品种奇好、早大果、友谊、极佳 4 个品种的 S 基因型同为 $S_1 S_9$，相互授粉不结实，必须配置其他 S-基因型的授粉品种才能保证较高的坐果率。

表 6-1　甜樱桃不亲和基因型品种组群

不亲和组群	S-基因型	品　　种
I	S_1S_2	萨米脱、斯帕克里、大紫、法兰西皇帝 B、Canada Giant
II	S_1S_3	先锋、雷洁娜、红宝石、Gil peck、Olympus
III	S_3S_4	宾库、那翁、兰伯特、法兰西皇帝、Angela、Kristen、吉美
IV	S_2S_3	马苏德、Vega、Victor、Sue、Dame nancy
VI	S_3S_6	黄玉、柯迪亚、南阳、佐藤锦、红蜜、早露、宇宙
VII	S_3S_5	海蒂芬根、Early Burlat、Morreau NY
IX	S_1S_4	雷尼、塞艾维亚、Black Giant、Viscount、Garnet、king、Hudson
X	S_6S_9	晚红珠、Penny
XII	S_5S_{13}	卡塔林(Katalin)、马格特(Margit)
XIII	S_2S_4	维克(Vic)、莫愁(Merchant)、萨姆、斯克奈特(Schmidt)
XVI	S_3S_9	红灯、布莱特、秦林、美早、早红宝石、抉择、红艳、宇宙
XVII	S_4S_6	佳红、Merton Glory
XVIII	S_1S_9	布鲁克斯、极佳、早大果、奇好、友谊、Early Red、Sweet Early
XX	S_1S_6	红清、Mermat
XXI	S_4S_9	龙冠、巨红、早红珠、Cashmere、Cowiche、
XXII	S_3S_{12}	斯克奈德斯(Schnieders)、Germersdorfi 1、Ziraat 0900、Linda
自交亲和	S_3S_4''	斯得拉、拉宾斯、艳阳、甜心、桑提娜、萨拉赛特、斯基娜、哥伦比亚、白金、Selah、Early Star、Sandra Rose、Alex、黑金、Index、Pal、Vandalay

2. 缺少传粉昆虫

樱桃既是虫媒花也是风媒花，传粉需要授粉昆虫和良好天气。蜜蜂起主导作用，野生蜜蜂分布广，适应性强，但由于果园大量使用农药，传粉昆虫数量减少，加之花期天气不适，坐果率偏低，需开展人工辅助授粉。如果园放置人工养殖的蜜蜂、凹唇壁蜂、熊蜂等，帮助授粉。设施栽培，环境封闭，极少野生蜜蜂，为保证坐果，必须考虑充足的授粉品种，同时进行蜜蜂等人工辅助授粉。

3. 花期晚霜冻害等

樱桃容易遭受不良气候危害，如冻害、冷害、干热风、花期高温、连阴雨等。北方果园主要是低温伤害，特别是开花坐果期冻害，冻花冻果，坐果率低，减产严重。需引起高度重视。

一般地，花芽发育后期比早期更易遭受低温伤害，花芽休眠期抗低温伤害的能力最强。据报道，导致花芽膨大期、芽尖吐绿期、花蕾分离期、初花期、盛花期、落花期50%的花芽致死的温度分别为−14.3℃、−5.9℃、−4.2℃、−3.4℃、−3.2℃和−2.7℃；导致花芽膨大期、芽尖吐绿期、花蕾分离期、初花期、盛花期、落花期90%的花芽致死的温度分别为−17.2℃、−10.3℃、−6.2℃、−4.1℃、−3.9℃和−3.6℃。甜樱桃花芽的平均冻害温度见表6-2。

表6-2　甜樱桃花芽的平均冻害温度　　　　　　单位：℃

花芽发育期	10%致死温度	50%致死温度	90%致死温度
休眠期	−14.3～−16.5	−18.2～−20.0	−22.0～−35.0
花芽膨大期	−11.1	−14.3	−17.2
花芽侧见绿	−5.8	−9.9	−13.4
芽尖吐绿	−3.7	−5.9	−10.3
花蕾接触	−3.1	−4.3	−7.9
花蕾分离	−2.7	−4.2	−6.2
第一次白花期	−2.7	−3.6	−4.9
初花期	−2.8	−3.4	−4.1
盛花期	−2.4	−3.2	−3.9
落花期	−2.1	−2.7	−3.6

4. 管理粗放，进入结果期晚，前期不结果

甜樱桃一般4～5年开始结果，6～8年进入盛果期，所以，许多种植者在栽后4～5年认为不结果就失去信心，开始弃管甚至刨树毁园，造成损失。现在选用早实品种，利用矮化砧木和矮化技术，可以达到2年见果，3～4年进入初盛果期。

5. 园相郁闭容易造成坐不住果

由于栽培方式不当，尤其栽植株行距太小，造成果园郁闭，如：3米×4米乔砧大树，进入盛果期后，园相郁闭，通风透光条件差，树体贮藏营养少，开花多，长枝展叶与开花坐果引起养分竞争，坐果率低。

6. 树势过强或过弱都坐不好果

施肥浇水过多过勤，树势营养生长旺盛，修剪不当，特别是大枝角度没有开张，导致成花少，坐果也少，表现不坐果；相反，土肥水条件差，丘陵地果园，土层仅有 20～30 厘米，土质差，砂性土壤，底层为不透气不透水的黏质层，透气性差，排水不良，土壤微生物活力差，有机质含量不足 0.5%，很少施肥灌水，不能供给树体足够的营养，导致树势衰弱，成花过多，开花但坐果率低，也坐不住果。

7. 落花落果严重导致坐果少

一般地，盛花后 1 周左右，大量落花，脱落花中的子房尚未膨大，而不脱落的子房已明显膨大，造成落花的原因主要是授粉不良，另外雌蕊退化、柱头显著萎缩或无雌蕊的花也脱落，不能结实。

第 1 次落果大约在盛花后第 2 周，主要原因是受精不良、新梢生长与果实发育竞争养分，果实营养不足，所脱落的幼果已充满萼筒，幼果有绿豆粒大小，核未开始硬化，此次落果，说明此时已完成了授粉，但由于受精不良或没能完成受精，使幼果中刺激生长的激素（生长素类和赤霉素）含量下降，加之新梢生长竞争养分，导致幼果停止生长而脱落。

第 2 次落果大约在盛花后第 3 周，主要原因是土壤干旱、果实营养不足。脱落的幼果已有黄豆粒或花生米大小，此时核已开始硬化，但尚未完全木质化（此时用指甲可以掐动），种仁内为半透明胶体状胚乳，若土壤含水量低，果实停长且果核不能硬化而导致脱落。

加强肥水管理，防止早期落叶，增加树体贮藏营养水平，提高花芽的分化质量和完全花比率；搞好花期授粉及疏花疏果，花期采取放蜂传粉、喷施 0.3％硼砂；控制新梢旺长；硬核期前及时适量灌水，保证坐果。

8. 病虫毒害引起坐果率低

病虫害，造成落叶严重，营养积累少；流胶病、根瘤病严重，造成树势弱，坐果率低。部分病毒病树体开花延迟，或只开花不坐果。

二、提高樱桃坐果率措施

1. 选择广适、丰产品种，注重自花结实品种

生产中栽培品种产量表现，有的品种早实、连年丰产，受天气影响较小，如宾库、先锋、拉宾斯、萨米脱等；有的品种花期特别容易受到危害，如对晚霜冻害敏感，产量低而不稳，如大紫、红灯等；还有些品种，生长势旺盛或衰弱，结果晚，不丰产，如美早长势旺盛、早大果长势较弱等。有些品种，花器官发育不良，特别是花柱短小比例高，如 13-33 败育花高达 40％左右，表现坐果率低。因此栽培时选择适应性广、容易丰产的品种作为主栽品种。同时注意选择自花结实品种。

甜樱桃同一品种自花授粉结实且能满足生产需求，称为自花结实或自交亲和。栽培自交亲和品种是解决樱桃园结实率低的有效方法，而且自交亲和品种在生产上丰产性好，还可以作为授粉品种，目前，培育自花结实的新品种是甜樱桃育种的一个重要目标。甜樱桃第一个自交亲和的种质是英国约翰因尼斯研究所（John Innes Institute）的刘易斯（D. Lewis）在 1949 年用辐射诱变技术获得的，以法兰西皇帝（Emperor Francis）作母本，与 X 射线辐射诱变的那翁花粉作父本进行杂交，获得了 JI 系列自交亲和品系 JI2420、JI2434EM、JI2434AH、JI2538 等，研究表明 JI 系列自

交亲和品系的 S4 基因位点辐射变异为 S4′，S′代表花粉中 S 基因活性丧失或不表达，花粉管在花柱内的生长将不受 S 等位基因控制而受精结实。加拿大太平洋农业食品研究中心（Summerland）以兰伯特（Lambert）为母本，与 JI2420 杂交，于 1968 年命名推出世界上第一个商品化的自花结实品种斯得拉。之后，各国广泛重视自花结实新品种的培育，并育成了一系列新品种。世界各国育成的自交亲和品种见表 6-3。我国引进的自花结实良种有桑提娜、斯得拉、拉宾斯、艳阳、甜心等，目前美国、加拿大等国家新推广品种自交亲和品种占很大比例。选择自花结实品种，可以免除授粉树的配置和人工辅助授粉等繁杂工序，同时有效减轻花期不良天气的影响，实现丰产稳产，特别适合设施栽培或庭院栽培。

表 6-3　世界各国育成的自交亲和品种

序号	品种（系）	亲　本	育成国家
1	斯得拉（Stella）	兰伯特和 jI2420	加拿大
2	紧凑型斯得拉（Compact Stella）	X 射线照射斯得拉	加拿大
3	拉宾斯（Lapins）	先锋和斯得拉	加拿大
4	艳阳（Sunburst）	先锋和斯得拉	加拿大
5	新星（Newstar）	先锋和斯得拉	加拿大
6	甜心（Sweetheart）	先锋和新星	加拿大
7	桑提娜（Santina）	斯得拉和萨米脱	加拿大
8	塞拉斯特（Celeste）	先锋和新星	加拿大
9	桑德拉玫瑰（Sandra Rose）	（星和先锋）和艳阳	加拿大
10	塞纳特（Sonata）	拉宾斯和（先锋和斯得拉）	加拿大
11	斯基娜（Skeena）	（宾库和斯得拉）和（先锋和斯得拉）	加拿大
12	交响乐（Symphony）	宾库和拉宾斯	加拿大
13	斯德卡图（Staccato）	甜心和未知	加拿大
14	星尘（Stardust）		加拿大
15	万达蕾（Vandalay）	先锋和斯得拉	加拿大
16	格莱西尔（Glacier）	布莱特和斯得拉	美国

序号	品种(系)	亲　本	育成国家
17	因代科斯(Index)	斯特拉和 Unknown	美国
18	克什米尔(Cashmere)	布莱特和斯得拉	美国
19	哥伦比亚 Columbia(Benton)	Beaulieu 和斯得拉	美国
20	西拉(Selah)	(雷尼和宾库)和斯得拉	美国
21	白金(White Gold))	法兰西皇帝和斯得拉	美国
22	黑金(Black Gold)	Starks Gold 和斯得拉	美国
23	桑德尔(Sandor)	布莱特和斯得拉	匈牙利
24	彼得(Peter)	布莱特和斯得拉	匈牙利
25	派奥(Pal)	布莱特和斯得拉	匈牙利
26	亚历克斯(Alex)	先锋和 John Innes2420	匈牙利
27	早甜(Sweet Early)	布莱特和艳阳	意大利
28	早星(Early Star)	布莱特和紧凑型斯得拉	意大利
29	居星(Grace Star)	布莱特自然实生	意大利
30	灿星(Blaze Star)	拉宾斯和 Durone compatto di Vignola	意大利
31	黑星(Black Star)	拉宾斯和布莱特	意大利
32	拉星(Lala Star)	紧凑型兰伯特和拉宾斯	意大利
33	罗马佳人(Dame Roma)	Black Douglas 和斯得拉	澳大利亚
34	南希佳人(Dame Nancy)	斯得拉自然实生	澳大利亚

2. 合理配置授粉品种

授粉品种配置考虑以下原则

（1）授粉亲和性　应选择与主栽品种授粉亲和的品种为授粉品种。对已知 S-基因型的主栽品种，可以根据品种的 S-基因型来判断，授粉树必须来自不同的基因型；对于未知 S 基因型的主栽品种，可以依据品种间亲缘关系的远近，选择关系远的品种，并经田间授粉试验确认为具有高亲和性的品种为授粉品种。

（2）花期相遇　甜樱桃开花物候期的早晚因品种有一定差异，如早红宝石、拉宾斯、秦林的花期较早，而塞艾维亚、雷洁娜等花期较晚，开花早的品种与开花晚的品种花期基本不相遇，开花早与开花晚的品种之间花期相差 5～12 天。在确定授粉品种时，应考虑各品种开花期的早晚，授粉品种与主栽品种的花期应一致，或者比主栽品种早1～2天开花，这样才不至于误过最佳授粉期。甜樱桃部分品种花期及品种间授粉亲和性见表6-4。

表6-4　甜樱桃部分品种花期及品种间授粉亲和性

序号	品种（按花期早晚排列）	S-基因型	1 拉宾斯	2 布莱特	3 秦林	4 那翁	5 甜心	6 索纳塔	7 早大果	8 红灯	9 雷尼	10 美早	11 艳阳	12 宾库	13 先锋	14 斯克奈特	15 萨米脱	16 萨姆	17 兰伯特	18 奥林巴斯	19 雷洁娜	20 塞艾维亚
1	拉宾斯	自交亲和	S																			
2	布莱特	S_3S_9			×	×						×										
3	秦林				×	×						×										
4	那翁	S_3S_4				×								×					×			
5	甜心	自交亲和					S															
6	塞纳特	自交亲和						S														
7	早大果	S_1S_9							×													
8	红灯	S_3S_9			×	×				×		×										
9	雷尼	S_1S_4									×											×
10	美早	S_3S_9			×	×						×										
11	艳阳	自交亲和																				
12	宾库	S_3S_4				×								×								
13	先锋	S_1S_3													×					×	×	
14	斯克奈特	S_2S_4														×		×				
15	萨米脱	S_1S_2															×					
16	萨姆	S_2S_4														×		×				
17	兰伯特	S_3S_4				×								×					×			
18	奥林巴斯	S_1S_3													×				×			
19	雷洁娜	S_1S_3													×						×	
20	塞艾维亚	S_1S_4									×											×

S＝自花结实，×＝授粉不亲和，空白为授粉亲和

（3）授粉品种的经济性状良好　授粉品种本身必须是综合经济性状优良的品种，与主栽品种可互为授粉结实。事实上，多数品种花粉量均较大，花期也较相近，因此，在选择授粉品种时关键是选用能产生正常花粉和异花授粉能结实的品种。

（4）足量配置授粉树　在甜樱桃园中，只有配置足够数量的授粉品种，才能满足授粉、结实的需要。生产实践表明，授粉树最低不能少于30％，一般主栽品种占60％，授粉品种占40％。以3个主栽品种混栽，各为1/3为宜。授粉树距离不能大于12米。若果园授粉品种配置比例较低，授粉树配置距离过大，易出现坐果率低的问题，影响产量。主栽品种和授粉品种分别成行栽植较好，便于采收和管理。推荐的主栽品种的授粉品种见表6-5。

表6-5　主栽品种适宜授粉品种

主栽品种	适宜授粉品种
早大果	秦林、桑提娜、美早、萨米脱、先锋、拉宾斯、布莱特、红灯
红灯	布鲁克斯、佳红、早大果、桑提娜、先锋、萨米脱、拉宾斯、雷尼、红蜜
桑提娜	早大果、布鲁克斯、秦林、美早、萨米脱、拉宾斯、先锋、雷尼
布鲁克斯	红宝石、桑提娜、秦林、萨米脱、雷尼、友谊、宾库、佳红、先锋
美早	先锋、萨米脱、雷尼、拉宾斯、桑提娜、奇好、佳红、友谊
萨米脱	先锋、雷尼、黑珍珠、拉宾斯、友谊、桑提娜、秦林、美早、甜心
拉宾斯	秦林、桑提娜、雷尼、友谊、斯得拉、甜心、先锋、晚红珠、黑珍珠
秦林	桑提娜、佳红、雷尼、拉宾斯、斯得拉、甜心、晚红珠、先锋、友谊
友谊	桑提娜、秦林、先锋、斯得拉、甜心、晚红珠、拉宾斯、宾库、黑珍珠

3. 开展人工辅助授粉

花期放蜂能显著提高结实率。可以租蜜蜂，也可以购买驯养壁蜂和熊蜂。

一般情况下，每亩用1箱蜜蜂，在开花前两天，将蜂箱均匀放置在果园内，运送蜜蜂要在晚上7时至次日清晨7时进行，蜂箱放置好后，要立即打开蜂箱门放飞，以免闷死蜜蜂。一旦放置到某个

甜樱桃现代栽培关键技术

位置，不能再移动；遇阴雨低温天气，蜜蜂不出巢采蜜，要及时补喂糖水。

凹唇壁蜂每亩用100～150头。开花前2～3天将蜂茧从冷库或冰箱内取出放入果园，第2天就开始出蜂，并开始觅食传粉，雌蜂将采集的花粉、花蜜运回选定的蜂室繁蜂。为确保繁殖，如果放蜂果园品种单一，花源不足，需人工在冬前补种十字花科植物，补充花源。此外，巢箱附近挖一小土坑，从放蜂3天后开始，每天早上或晚上，向坑内添一次水，为壁蜂建巢室提供湿泥。释放壁蜂前按放蜂量的2～2.5倍备足繁蜂所需的巢管，巢管箱架设在果园空场处，前方3米无树木房屋遮挡，巢箱距地面50～60厘米，巢箱口朝西或朝西南向，此方向放蜂后受光时间长，繁殖率高。

壁蜂喜欢在芦苇管内营巢，幼虫和蛹及羽化后的成虫均在巢管内生长发育，在巢管内呆住的时间约300天，而羽化后经过滞育状态越冬后的成虫，一般在早春3月下旬破茧出房，采集花蜜、繁衍后代，在5月上旬，成蜂寿命结束，成蜂工作时间约60天，壁蜂授粉技术已广泛应用。

利用熊蜂授粉，通常只需要将80只左右的熊蜂群饲养于一只15厘米×12厘米×12厘米的巢箱内即可达到授粉目的。

在花期遇连续阴雨天、气温在12℃以下以及风速过大等不良气象条件时，蜜蜂不（或少）活动，园内放蜂授粉的效果不佳，此时应进行人工辅助授粉，以兔皮做成的简易授粉器效果较好。

4. 预防低温冻害

（1）提高树体抗寒力　通过加强肥水管理、整形修剪和病虫防治等，增强树势，以提高树体抗寒和灾后恢复能力。如树干涂白、喷施防冻剂降低发生冻害的程度。

（2）果园升温　根据花期气象预报，结合冷空气活动强度和性质，通过果园灌水、熏烟、燃煤炉、燃油炉等改善果园小气候，提高近地层温度，防御和减轻低温冻害冷害。如：行间放置煤球炉、燃油装置等，能抵御−2～5℃低温。也可通过风机搅动冷空气不让其下沉等办法预防冻花冻果。

（3）设施樱桃栽培　可以减轻或避免花期低温、高温、降水、干热风等危害，确保坐果，不仅预防晚霜低温，同时还可以适当提前成熟，避免熟期遇雨裂果和鸟害。我国主要以日光温室和塑料大棚进行促成栽培。辽宁大连主要采用日光温室，其标准化结构为：脊高4.3米，后墙高2.5米，采光屋面角30.8°，后坡仰角45°，后坡长2.5米，前后坡投影比4∶1，南北跨度9米，东西长度50～80米，墙体厚度1.5米，多为钢架结构。但大多日光温室根据地形、果园面积、树体高度等确定设施结构参数，因此标准化设施的规模化应用较少。日光温室长度一般为70～120米，跨度7～15米，脊高4.0～5.8米，后墙高3～4米。如瓦房店某日光温室长度为112米，跨度15米，脊高5.8米，后墙高4米。保温材料多为保温被，一般不需要加温设备。

山东烟台、潍坊等地主要采用塑料大棚，形式多样，有单栋、双连栋和多连栋塑料大棚。该设施为钢架结构或钢架、水泥柱和竹木混合结构，其长度和跨度因园片不同差异较大，一般长度为43～120米，单栋跨度5～17米，脊高6～9米。临朐的甜樱桃砧木为考特，树体高大，脊高为6～8米；烟台莱山用大青叶做砧木，并采用矮化栽培方式，树体较小，脊高为4.7～5.6米。保温材料多为草苫，需加温设备，烟台多采用燃煤炉空中烟筒加热，临朐多采用地炉地龙式瓷管加热。

欧美发达国家，多采用拱棚形式，如英国Haygrove公司生产的温室系列塑料大棚，钢架结构，由支柱和弯弓组成，支柱间距为2.2米，支柱长1.5～2.5米，其一端插入土壤65～85厘米深，另一端两侧焊有2个内径为4厘米、长为20～30厘米、底端封闭的镀锌钢管；弯弓的宽度为 8.5 米，最大脊高为 5.0 米，每个大棚内可种植 2～3 行矮化砧木的甜樱桃。

（4）选用抗寒砧木　如吉塞拉系列砧木，枝条发育充实，花芽饱满，春季抗低温能力强。

（5）灾后补救　灾害发生后，及时清除受冻花、枝，加强施肥灌水、人工授粉、喷药防病虫、喷施叶面肥等措施，缓解果树花期低温冻害的危害。

5. 保持树势中庸

（1）养根壮树　加强土肥水管理，提高营养物质的贮藏。建园时，必须进行带状或穴状的挖沟、挖坑，增施有机肥，改土培肥地力。注重秋施有机肥，秋季 9 月下旬至 10 月上旬早施基肥，亩施优质腐熟的土杂肥 4000～5000 千克，混入一定量的果树专用肥和微量元素肥，肥后浇水，促进营养积累。采收后及时补肥，盛果期，每亩施硫酸钾复合肥 25 千克，尿素 25 千克，以恢复树势，保证翌年高产稳产。保持养分的均衡供应。改传统的土壤清耕休闲为起垄覆草覆膜生草栽培。

（2）控制营养生长　萌芽后开花前搞好花前复剪，部分中长结果枝留 1 个叶芽进行短截修剪控制新梢数量。通过反复摘心控制新梢生长，及时摘心，嫩梢 5～7 厘米长时就可以摘心，仅摘除生长点，尤其对先端部位的新梢保留延长枝，对其他新梢及时摘心；20 厘米左右的新梢摘心，可去掉 10 厘米左右，在半木质化部位进行摘心。花期前后可以喷布 150～200 倍 PBO，控制新梢生长。对 4～5 年生的强旺树应控冠促花，6～8 月，根据树体生长情况喷施 15％多效唑 200～300 倍液 1～2 次，控制抽发秋梢，保证花芽饱满。盛花期喷 0.3％硼砂和 0.3％磷酸二氢钾素等，可提高坐果率。

6. 果园通风透光

避免果园郁闭，主要从以下 2 个方面考虑。

（1）依据立地条件、土壤质地、栽培品种/砧木、管理水平等选择适宜的树形和合理的种植密度，确保果园园相整齐，群体结构通透，特别是行间要有适当的空间，方便作业。如丘陵薄地，考特砧木，纺锤形，建议株行距 2.5 米×4.5 米；平原地，考特砧木，选用主干树形，建议株行距（1.5～3.0)米×(4.5～5)米；株行距(1.5～2.0)米×4.5 米，选用细长纺锤形；(2.0～2.5)米×4.5 米，选用自由纺锤形；(2.5～3.0)米×(4.5～5)米，选用改良纺锤形；采用吉塞拉 6 号矮化砧木，建议行距 4～4.5 米；采用吉塞拉 5 号砧木，高纺锤形，(0.8～1.5)米×(3.5～4.0)米。

（2）通过整形修剪技术，保证树相整齐、健壮、匀称，单株树体结构合理，枝条稀密适度，便于管理，改善冠内通风透光条件，平衡生长与结果关系，重点通过修剪中心干延长枝控制树体高度，一般树高为行距的 60%～80%（个别树形，如超细纺锤形，树高可以稍超过行距），明确主枝配置数量，控制主枝延长枝。对已郁闭盛果期大树，采收后疏除部分大枝，部分大枝回缩控旺，要逐年进行，伤口涂抹愈合剂。

7. 科学防治病虫害

甜樱桃果实发育期短，一般 6～7 月份即成熟采收，多数栽培者采后放松了果园管理，尤其不注重叶片保护，造成叶斑病发生严重甚至早期落叶，严重影响树体贮藏营养积累，继而影响第二年坐果。因此必须重视全过程病虫防治，提倡农业防治、物理防治、生物防治和科学用药防治，通过推广现代栽培模式，培肥地力，生草覆盖栽培，改善通风透光条件，环境友好，合理负载，确保树体健壮，减少病虫为害，达到保护叶片、枝干、根茎不受病虫为害，保证坐果，提高产量和质量。

第七章　大果优质技术

一、沃土养根壮树

根系是果树生长发育、开花结果的基础，根系的生长发育和生理功能表达状况直接影响产量和品质的形成。土壤是根系生长发育的摇篮，土壤状况直接影响根系的发育。因此"培肥沃土、养根壮树"是甜樱桃栽培最基本的工作，培肥是为了沃土，沃土是为了养根，养根是为了壮树。通过土壤改良和养分管理，培育肥沃土壤，为根系创造优越环境，保证养分供应、树体健壮，是培养大果优质甜樱桃的基础。

（一）土壤培肥改良

甜樱桃的根系呼吸旺盛，它既要求土层深厚肥沃，又要求通风良好。土层深厚、土质疏松、透气性好、保水较强的砂壤土适宜甜樱桃栽培。栽于土质黏重、透气性差的黏土地根系分布浅，易旱、易涝，也不抗风。甜樱桃对土壤盐渍化程度的反应较为敏感，盐碱地不宜栽植甜樱桃。适宜的土壤 pH 值为 6.0～7.0。对重茬较为敏感，甜樱桃园间伐后，至少应种植三年其他作物后才能再栽甜樱桃。甜樱桃建园应选择生态条件良好，远离污染源的生产区域，宜选择背风向阳的丘陵坡地、无霜害的平原地块，土层厚度 40 厘米以上，总盐量<0.1%，有机质含量>1.2%。但生产中许多园地达不到指标要求，为达到"沃土养根壮树"的目的，首先要对土壤进行培肥改良。土壤培肥是指通过土壤施肥与耕作等方式，培育养分齐全、供水供肥稳定、水肥气热协调的土壤，将贫瘠土壤改良为适合甜樱桃生长的肥沃土壤，保证树体健壮生长，丰产稳产。土壤培肥措施主要包括土质改良、增施有机肥、中耕松土、果园间作、地面覆盖、深翻扩穴、树干培土等。

1. 土质改良

目前，甜樱桃园土壤有机质含量普遍较低，大多不足 1%，随着甜樱桃栽培面积的迅速扩展，在沙滩地、山岭地等不太适合的土壤条件下种植栽培越来越多。在这种情况下，必须按土壤类型进行严格改良。各种类型土壤的特性和改良重点如下。

（1）山丘粗骨土　土壤透气性较好，但干旱瘠薄，水土流失严重，保水保肥能力差，常因缺肥缺水使树体生长迟缓，叶片小、黄、质脆，生产能力差，经常发生缺素症（如缺锌、缺硼等）。应大量增施有机肥以提高土壤肥力水平和保水保肥能力。栽前整修梯田等水土保持工程，并注意深翻改土、加厚土层等，并注意矫正缺素症。

（2）沙滩地　透气性好，养分分解速度快，根系发达。但土壤瘠薄，漏水漏肥，肥水供应不稳定，树势易衰弱。肥水大量供应时，因根系发达，透气性好，容易引起短期旺长，如 6 月份以后大量自然降雨引起的秋梢旺长。而且正因根量大，水养分耗竭快，加上易渗漏损失，雨季过后水养分极易缺乏，常导致秋季叶片早衰。另外冲积土平原沙滩地下部常存在黏板层和地下水位过高的问题。应大量增施有机肥并掺黏土，提高保肥保水及供肥供水能力。注意打破黏板层，降低地下水位，定植沟下部埋草改良土壤。

（3）石灰岩山麓、冲积平原黏土地　土壤保水保肥力强，但通气透水性差，根系密度小，雨季易积水引起秋梢旺长和新梢中下部叶早落。应深翻增施有机肥，掺砂或砾石改善土壤透气性。栽前挖排水沟。

（4）盐碱土壤　甜樱桃对土壤的酸碱度有一定的要求，pH 值为 6.0～7.5 的土壤适宜甜樱桃生长。但如果土壤的 pH 值超过 7.8 时，则需土壤改良。沿海地区气候较适于甜樱桃生长发育，但土壤往往存在不同程度的盐碱。有效的改良方法是：在定植前挖沟，沟内铺 20～30 厘米厚的作物秸秆，形成一个隔离缓冲带，防止盐分上升；大量施用有机肥，可以有效降低土壤 pH 值；在施用钾肥时，采用硫酸钾，施用氮素化肥采用硫酸铵；勤中耕松土，切断毛细管，减少土壤水分蒸发，从而减少盐分在表土的积聚；采用地面覆草、地膜覆盖、种植绿肥等，均可有效地改良盐碱土壤。

2. 增施有机肥

有机肥或其他有机物料能够增加土壤有机质含量，更新土壤腐殖质成分，向植株提供较为全面的养分，促进土壤水、肥、气、热等因子的稳定和协调，是提高土壤肥力的关键措施。另外，有机肥是土壤微生物取得能量和养分的主要来源，施用有机肥有利于土壤微生物活动。微生物分泌物和死后残留物不仅含氮磷钾等有机养分，还能产生谷酰氨基酸、脯氨酸等多种氨基酸及维生素，其产生的细胞生长素、赤霉素等植物激素，有效促进树体生长发育。我国种植在山区、丘陵等地的甜樱桃园，有机质含量严重不足，土壤肥力逐年下降，严重影响果实品质，增施有机肥可显著改变现状。

有机肥料通常分为农家肥，商品有机肥等。农家肥包括堆肥、沤肥、厩肥、沼气肥、绿肥、农作物秸秆肥、泥肥、草炭、饼肥、生物菌肥等多种。有机肥一般使用量比较大，每亩施用量 1000～5000 千克，且主要用作基肥一次性施入土壤。部分粗制有机肥料（如粪尿肥、沼气肥等）因速效养分含量相对较高，释放较快，亦可作追肥施用。施入绿肥和秸秆一般注意使用方法和分解条件。

3. 中耕松土

小面积甜樱桃园的土壤多采用清耕制。甜樱桃树对水分比较敏感，既怕干又怕涝，而且又要经常保持土壤较好的通气条件。在干旱年份和苗木定植的头 1～2 年，需要多次浇水。因此，要求浇水后一定要中耕松土，保持土壤的透气性。中耕松土，可以切断土壤的毛细管，保蓄水分；消灭杂草，减少杂草对水分的竞争。中耕深度一般 5～10 厘米，中耕次数视灌水和降雨情况而定。

4. 果园间作

间作就是利用樱桃园行间种植适宜的作物，增加经济收入，一般在扩冠期应用。合理间作可形成生物群体，充分利用光能，促进土壤熟化，改良土壤结构，增加土壤有机质，改善微域生态条件，抑制杂草生长，减少水土流失，增加害虫天敌的数量。同时，也存在与树体争夺水肥和阳光的问题。因此，应注意间作物种类的选择，扬长避短。

间作物的选择应具备以下几点：生育期短、适应性强、吸收养分和水分较少，大量需肥水期与果树不同；与果树没有共生病害；最好是能提高土壤肥力的作物；具有矮生性、浅根性、耐阴性的特点；有较高的经济价值。

常种的间作物有豆类（大豆、绿豆、蚕豆等）、薯类（甘薯、马铃薯等）、花生、谷类（谷子、荞麦等）、蔬菜（土豆、胡萝卜、葱、蒜等）、绿肥作物（毛叶苕子、鼠茅草、黑麦草、苜蓿、豌豆等）等。

5. 地面覆盖

地面覆盖是指在甜樱桃园地面覆盖有机或无机材料，以改善土壤状况的一种管理方式，是旱地甜樱桃园丰产的基本措施，可减少土壤水分蒸发，抑制杂草，调节土壤温度，提高土壤肥力。可分为地膜覆盖、无纺布覆盖和稻草（或各种作物秸秆、杂草等）覆盖。

覆膜是幼龄甜樱桃园一项较好的土壤管理制度。减少了土壤蒸发，提高土壤含水率，可提高幼树栽植成活率 12%～20%。提高有效养分含量，促进树体生长发育，可提早萌芽期 3～5 天。但土壤有机质矿化率高，有效养分含量降低快，应及时补施有机肥。盛果期樱桃园起垄覆盖地膜，可以有效稳定果实发育期土壤水分剧烈变化，减少降雨引起的裂果现象。

覆草法是一种较为理想的果园土壤管理制度，它能有效地减少土壤水分蒸发，提高土壤含水量，不仅是有灌溉条件的果园节约用水、提高水的利用率的一条重要途径，也是旱地樱桃园一项重要的保墒措施；能稳定土壤温度，提高土壤有机质含量，改善土壤理化性状，促进土壤团粒结构形成，增加了土壤养分，尤其增加了有效磷、速效钾等速效养分的含量；抑制杂草生长，提高甜樱桃的产量，改进品质。但连续多年覆草可使甜樱桃根系上浮，覆草量为2.4 吨/亩，用草量较大，因此制约了覆草法在草源缺乏地区的推广应用。

6. 深翻扩穴

深翻扩穴可结合秋施基肥进行。深翻可加深土壤耕作层，为根系生长创造条件，促使根系纵向伸展。深翻扩穴对定植在丘陵山地的樱桃园十分必要。定植在丘陵山地的樱桃树，往往栽培时挖穴较浅较小，根系生长受到限制，生长结果受到很大影响，因此必须深翻扩穴。扩穴在地上部停止生长时开始，也可在早春化冻后萌芽前进行，另外雨季也是深翻扩穴的好时机。扩穴最好两年扩一周，伤根少。两年扩一周即第一年先扩株间（行间），第二年再扩行间（株间）。扩穴大小依树冠大小而定。翻土时要拣出石块，表土、心土分开放置，达到深度后要与原栽植穴打通。填土时要把有机肥、秸秆等与心土混合均匀。深翻后及时灌水，并做好保墒工作。排水不良的地块要避免积水，以免影响树体生长。

（二）科学施肥

养分充足是树体健壮和丰产优质的前提，也是培肥沃土的关键因素之一。只有加强养分管理，科学施肥，才能达到养根壮树的目的。

1. 施肥原则

甜樱桃施肥要从产品产量和质量以及环境安全考虑，根据树体本身的营养吸收和利用规律，进行配方施肥、营养诊断施肥。肥料以有机肥和长效复合肥为主，化肥为辅。有机肥和化肥配合施用是提高肥效的有效途径。同时用生物菌肥和腐殖酸类等复合微肥为补充，施肥量"前轻后重，注重底肥"。通过合理施肥使土壤有机质含量达到 1.5％以上。

2. 甜樱桃需肥特点

甜樱桃从开花到果实成熟发育时间较短，早熟品种 35 天左右，晚熟品种约 70 天，抽枝展叶和开花坐果都集中在生长季节的前半阶段，可见甜樱桃生长具有发育迅速、需肥集中的特点。甜樱桃对钾、氮需求量多，对磷的需求量较少。一年中甜樱桃从展叶到果实成熟前需求量大，其次是采果后花芽分化期，其余时间需肥量较少。生产中应抓好冬前、花前及采果后 3 遍肥，对沃土养根壮树、增产提质十分关键。施肥种类和施肥量要根据土壤肥力状况、栽培密度、树体生长发育状况而定。

3. 配方施肥技术

配方施肥技术是从叶片测试（或土壤测试）为基础，根据甜樱桃需肥规律、供肥性能和肥料效应，在合理施用有机肥料的基础上，提出氮、磷、钾及中、微量元素等肥料的比例、适宜用量、施肥时期，以及相应的施肥技术。配方施肥技术的核心是调节和解决甜樱桃需肥与供肥之间的矛盾，同时有针对性地补充甜樱桃生长发育所需的营养元素，缺什么元素就补充什么元素，需要多少补多少，实现各种养分平衡供应，通过叶片测试（或土壤测试）确定营养平衡配比方案，进行决策推荐补施肥，以满足甜樱桃生长发育均衡吸收各种营养，维持养分持续供应，实现省工、优质高效生产目标的一种施肥技术。

在甜樱桃盛花后 8~12 周，随机采取树冠外围中部新梢的中部叶片，进行营养分析，将分析结果与表 7-1 中的标准相比较，可诊断树体营养状况，并指导配方施肥。

表 7-1　甜樱桃叶片营养诊断标准

元素	缺素	适宜	过量
氮/%	<1.7	2.2~2.60	>3.4
磷/%	<0.09	0.15~0.35	>0.4
钾/%	<1.0	1.6~3.00	>4.0
钙/%	<0.8	1.40~2.40	>3.5
镁/%	<0.2	0.3~0.8	>1.1
硫/%	—	0.2~0.4	—
钠/%	—	0.02	>0.5
氯/%	—	0.3	>1
锰/($\times 10^{-6}$)	<20	40~60	>400
铁/($\times 10^{-6}$)	<60	100~250	>500
锌/($\times 10^{-6}$)	<15	20~50	>70
铜/($\times 10^{-6}$)	<3	5~16	>30
硼/($\times 10^{-6}$)	<15	20~60	>80

4. 施肥时期和用量

（1）基肥施用时期　基肥以有机肥料为主，是较长时期供给甜樱桃多种养分的基础肥料。秋施基肥正值根系第 2、3 次生长高峰，伤根容易愈合，切断一切细小根，起到根系修剪的作用，可促发新根。此时，甜樱桃地上部分新生器官已渐趋停止生长，其所吸收的营养物质以积累储备为主，可提高树体营养水平和细胞液浓度，有利于来年开花和新梢早期生长。基肥以年年施用为好。山东地区，提倡 9~10 月施用基肥。

（2）追肥施用时期

① 盛花末期追肥：此期是甜樱桃需肥较多时期，在开花期间

植株消耗了大量的养分，高的坐果率、幼果迅速生长以及新梢生长加速，都需要充足的氮肥营养供应。

② 果实迅速膨大期追肥：该时期是新梢和果实迅速生长期，也是樱桃果实着色和成熟期，植株需肥量大，时间集中。此时应追施复合肥，并叶面喷肥，同时加入可以提高果实抗裂果性、提高果实品质的微量元素一起喷施。

③ 采果后追肥：由于开花结果树体营养亏缺，又加上此时正是花芽分化盛期和营养积累前期，需及时补充营养。此时应追施复合肥、豆饼肥等。

（3）幼树期施肥　定植前每亩全园撒施或定植沟施5000千克腐熟鸡粪或土杂肥，深翻，灌足水分，起垄或整平；苗木定植时定植穴内株施尿素50克或复合肥0.5千克，与土拌匀，然后覆一层表土再定植苗木。5月份以后要追施速效性肥料，结合灌水，少施勤施，防止肥料烧根。为了促进枝条快速生长，不能只追氮肥。虽然甜樱桃对磷的需求量远低于氮、钾，但适量补充磷肥，有利于枝条充实健壮。一般采用磷酸二铵和尿素的方式追肥，每次株施"二铵＋尿素"0.15～0.2千克。

（4）结果树施肥　基肥，9～10月在树冠外围开沟施用，以有机肥为主，配合适量化肥。每亩施土杂肥5000千克＋复合肥100千克。

硬核前后，结合灌水，每100千克果施用高氮高钾速溶性肥料1～2千克；采果后，每100千克果施用尿素1.5千克，磷酸二铵1千克，树势过旺结果少的可以不施。在土壤不特殊、干旱条件下要干施，即施后不浇水。

根外追肥，花前（花露红或铃铛花）、谢花、膨果期（硬核后）各喷1次优质叶面肥。

（三）合理灌溉

甜樱桃适于在年降雨量为600～800毫米的地区生长，甜樱桃根系分布浅，大部分根系集中在地面下 20～40 厘米范围内，分布的深浅主要依据砧木的不同、土壤透气性的好坏而差异。因甜樱桃根系呼吸强度大，要求土壤通气性高，这一特点就决定了甜樱桃根系总体上分布较浅。与其他落叶果树相比，甜樱桃叶面积大，蒸腾作用大，对水分要求比苹果、梨等强烈。在干热的时候，果实中的水分会经叶片大量损失，这也是山地无灌溉条件的果园，在干旱时果个小、易皱皮的原因。甜樱桃幼果发育期土壤干旱时会引起旱黄落果；果实迅速膨大期至采收前久旱遇雨或灌水，易出现不同程度的裂果现象；刚定植的苗木，在土壤不十分干旱的条件下，苹果、梨苗不死，而甜樱桃苗就易死亡；涝雨季节，果园积水伤根，引起死枝死树；久旱遇大雨或灌大水，易伤根系，引起树体流胶；当土壤含水量下降到 10％时，地上部分停止生长；当土壤含水量下降到 7％时，叶片发生萎蔫现象；在果实发育的硬核期土壤含水量下降到 11％～12％时，会造成严重落果等。可见，甜樱桃园既要有灌水条件又要能排水良好。

鉴于甜樱桃对水分及土壤通气状况的要求较为严格，灌水应本着少量多次、平稳供应的原则进行。既要防止大水漫灌导致土壤通气状况急剧恶化，又要防止土壤过度干旱导致根系功能下降，尤其在果实迅速膨大期至采收前，既要灌水，又要防止土壤过干、过湿，以免引起裂果。

在甜樱桃生长发育的需水关键期灌水，大致可分为花前水、花后水、采前水及秋施肥水等。每次灌水至水沟灌满为止。

（1）花前灌水　因气温低，灌水后易降低地温，开花不整齐，影响坐果，所以，花前在土壤不十分干旱的情况下，尽量不灌水。若需灌水，灌水量宜小，最好用地面水或井水经日晒增温后再灌入。

（2）果实发育期　坐果、果实膨大、新梢生长都在同时进行，是甜樱桃对水分最敏感的时期，称需水临界期。通常谢花后要灌水，硬核期不灌水，果实迅速膨大期至采收前依降雨情况灌水1～2次，正常年份灌水2次。

（3）施肥后　9月份秋施基肥后灌一次透水。

（四）果园生草

果园是人工生态系统，通过生草栽培可改善果园生态环境，提高土壤肥力，保持土壤水分，促进果园丰产稳产。果园生草技术是对果园在全园或行间种植各种草类，并加以管理，使果树和草类协调共生的一种果树栽培方式。果园生草后每年刈割1～2次覆于树盘下，用作培肥地力，是无公害果品、绿色果品和有机果品生产的关键技术之一。在年降雨量500毫米以上或者有灌溉条件的果园均可实行生草栽培。

1. 优点

（1）果园生草可改善果园环境　果园生草后一方面缓和降雨对土壤的直接侵蚀，减少地表径流，防止雨水冲刷，减少水土流失；另一方面减少土壤水分蒸发，提高土壤水分含量及水分利用率。

（2）果园生草可以减小土壤昼夜温差，起到平稳地温的作用，为根系的生长提供了稳定的环境。

（3）生草可以改良土壤结构，降低土壤容重，提高土壤孔隙度，从而改善土壤物理性状，增强土壤保水、保肥能力。

（4）果园生草可以增加土壤肥力　生草后草类的枯叶枯根等残体在土壤中降解、转化，形成腐殖质，土壤中的有机质不断提高，随生草年限的增加有机质含量不断提高。果园生草后进行刈割覆盖，当其腐解后，草体中的养分便释放到土壤中，从而提高土壤中相应的养分含量，尤其是微量元素的含量，因此生草果园缺素症不明显。生草还增加了土壤生物数量。凋落物、刈割物及根系分泌物为土壤微生物提供了丰富的营养物质，使土壤微生物种群和数量的明显高于清耕果园；另外，生草果园蚯蚓的数量显著增加，有利于改良土壤和生物质的分解和养分的释放。

（5）果园生草降低了土壤表层和地上部的温度，提高了近地表和冠层的相对湿度。为草地昆虫提供了良好的环境，明显增加了昆虫的多样性，天敌和害虫的种类均多于清耕，天敌种类的增加尤为突出，维护了生态平衡，减少了农药使用量，提高了果品质量。

（6）果园生草可以抑制果树过度的营养生长，促进营养生长和生殖生长的平衡，利于花芽分化。

（7）果园生草后机械刈割，每年2～3次，不必除草深翻，从而降低生产成本。生草后不怕踩踏，雨后不泥泞，人和机械可以通过，打药方便，不误农时，并可减轻落果落地时受到伤害。果园生草通过改善果实品质，提高果品的市场价格，从而获取较高的经济效益，一般可以提高20％左右。

2. 果园草种类

应根据樱桃根系分布特点合理选择草种，避免所选草类与树体竞争养分和水分。还要注意所选草类不要与甜樱桃有共同病虫害，最好是能寄生或者保护果树害虫天敌的草种。此外所选草类不能因分泌和释放化学物质而影响果树正常生长发育。果园草主要栽培在树冠下，要具有很好的耐阴性。同时所选草种早期生长要具有较快的速度，能够与其他杂草竞争。固地性强、覆盖率高也是选择草种时需考虑的因素。

适宜的草种原则上要对环境有较强的适应能力，易栽、易活、易管理、易控制、易繁殖，耐割、耐践踏，再生能力强，产量高，富集养分能力强，易腐烂，易用于培肥地力。

适合甜樱桃园栽培的草主要是禾本科和豆科植物。禾本科主要有黑麦草、早熟禾、羊茅草、燕麦草等；豆科的主要包括紫花苜蓿、毛叶苕子、白三叶、红三叶、百喜草、沙打旺等。也可将禾本科和豆科草类混合栽培。黑麦草耐践踏，自然生长高度30～50厘米，每亩播种量为1～1.5千克；出苗快、苗期短，可生长4～5年。紫花苜蓿根系发达，抗逆性强，自然生长高度30～50厘米，每亩播种量为0.75～1千克。毛叶苕子抗寒性强，但不耐涝，要在排水良好果园栽培，自然生长高度40～60厘米，每亩播种量为3～5千克。三叶草根系浅，与树体竞争养分少，覆盖率高，保墒好，耐阴耐践踏，每亩播种量为1千克，播种一次可维持5～8年。

3. 生草模式

果园生草有全园生草、行间生草、全园生草树盘清耕、行间生草行内（株间）覆草等模式，具体采用哪种模式要根据果园的立地条件、种植管理方式而定。土壤深厚、肥沃、根系分布深的果园可以全园生草；土层浅而瘠薄的土壤适合行间或株间生草。成龄果园适宜全园生草，这种模式易于改善果园小气候，但对土壤效应的改善较慢；幼龄果园适宜行间生草，可以缓解草争水争肥的矛盾。全园生草树盘清耕是将树干周围留有直径40～60厘米的盘状清耕外，其他地面进行生草处理。行间生草行内（株间）覆草是在果园行间进行2.0～2.5米的带状生草，行内1.0～1.5米带状清耕处理，当草长至40～50厘米高时刈割覆盖于行内。行间生草行内（株间）覆草模式不仅可以改善果园小气候，而且也易于改善土壤生态效应，改善土壤物理性状，提高土壤肥力。见图7-1。

4. 播种时期和方式

生草一般在春秋两季进行。最适播种的时间为4月中旬到5月中旬，地温稳定在15～20℃时播种出苗率最整齐。

种植方式条播、撒播均可，春季以条播为好，行距20～30厘米，秋季以撒播为好。播种前，先把行间杂草清除，然后行间种草，株间清耕。行间播宽2米左右，播前结合深翻果园，施磷肥50千克/亩、尿素5～7千克/亩，把地整平耧好，然后将种子与适

(a)　　　　　　　　　　　(b)

图 7-1　生草模式

量细土（或细沙）拌匀后撒播在地表，然后耙一耙，覆土 0.5～1.0 厘米。播种时可结合天气预报，采用干种等雨的方式，或播种后及时洒水保湿。

5. 苗期管理

（1）人工生草　苗期施尿素 4～5 千克/亩。每年还应施尿素 15～20 千克/亩，可结合灌水施或叶面喷施。三叶草等豆科植物，待成坪后只需补磷、钾肥；百喜草和黑麦草则还需一定的氮肥。苗期应保持土壤湿润，成坪后如遇长期干旱也需适当灌溉，苗期还要清除杂草，尤其是蓼、藜、苋等恶性阔叶杂草。当草长到 30～50 厘米左右时进行刈割，每年可刈割 2～3 次，刈割时留茬 10～15 厘米。割下的行内覆盖。播种当年不宜刈割，从第 2 年开始，每年可刈割 2～3 次，5～7 年后，秋季进行全园翻压，再重新播种生草。

（2）自然生草　草种可选用当地自然生长的杂草资源配套种植，最好选用荠菜、野艾蒿、马唐、狗尾草等可以自行繁殖的草种。对恶性杂草，如豚草、葎草（拉拉秧）等，应及时铲除或拔除。自然生草生长量较大，一般每年刈割 3～4 次，8 月下旬～9 月中旬后不再刈割。经过多年清除恶性杂草和刈割便形成了相对稳定、丰富的植物群落。

二、水肥一体化技术

水肥一体化技术是指将果树所需的肥料融于灌溉水中，通过可控管道系统与灌溉水一同施入根区的灌溉模式，是定量供给果树水分、养分并维持土壤水分和养分浓度的有效方法。简单地说，水肥一体化是根据果树的需水、需肥规律和土壤水分、养分状况将肥料和灌溉水一起适时适量准确地输送到根部土壤，供给作物吸收。水肥一体化技术又叫滴灌施肥、灌溉施肥、加肥灌溉或管道施肥等。水肥一体化技术要在配方施肥的基础上进行。

在常规水肥管理下，施肥和灌溉两项操作是独立进行的。这不仅增加劳动工序和用工量，而且造成施肥和灌水的分离和错位，水肥吸收无法同步进行，养分和水分耦合效应不能及时、有效发挥，导致水肥利用率下降。水肥一体化可使水、肥同步管理，极大地削减了劳动强度和劳动力，操作简便、运用灵活。并且根据作物对水肥的需求规律，强调水肥两大因素的协同互作效应，可以方便、快速地调节灌溉水中营养物质的浓度，大幅度提高化肥利用效率，达到高效施肥的目的。另外水肥一体化技术可将肥料直接带到根系周围，提高了肥料与根系的接触面积，提高了肥料利用率，减少肥料用量，每亩用肥量可以节约30％左右。另外水肥一体化可以根据果树生长习性、施肥规律以及树势，随时结合灌溉，进行补充施肥。使用水肥一体化技术还可以显著降低环境污染。

施肥模式有如下几种。

（1）重力自压施肥法 该施肥方法是在供水水池顶部修建一个施肥池或放置一个施肥容器，利用重力自压使肥液进入灌溉管道系统进行施肥的方法。施肥时先打开水池阀门，然后打开施肥阀门即可进行施肥。该施肥方法在灌水均匀的条件下可以保证施肥的均匀性。该系统不需任何动力设备，运行成本低，技术要求低，操作简单，实用耐用，非常适合在我国山地丘陵区微灌系统中推广应用。

（2）泵前侧吸施肥法　该方法是将施肥池连接在水泵吸水管上，使水泵在吸水的同时将肥液吸入灌溉管道中去。施肥池用普通水泥池即可，施肥量少时用塑料桶等容器均可作为施肥容器，选择余地大。施肥速度用施肥阀门的开度大小即可控制，操作简单，易于掌握。该方法同样在灌水均匀的条件下施肥均匀，不需要昂贵的专用施肥设备，适合在平坦地区应用。

（3）移动式灌溉施肥机施肥法　移动式灌溉施肥机施肥法主要是针对种植规模相对较小的用户使用。该施肥机的首部加压系统拆卸方便、移动灵活，并且占地空间小、投资成本低，实现在小区域范围内的水肥一体化灌溉施肥管理。

三、合理负载生产大果技术

花芽质量与花芽数量有明显的相关性，肥水条件一定的情况下，花芽数量越多，花芽质量会降低，果实品质也会变差。因此应该选留适量的花、果，保证优质大果的形成，当产量超过 2500 千克/亩时，果个偏小，价格降低。控制甜樱桃产量在 1000～1500 千克/亩比较适宜。

1. 合理负载

（1）疏花芽　一般于冬剪时完成。疏花芽应完成疏花疏果任务量的 70%～80%。在花芽发育差的情况下，冬剪时可多留一些花芽，花芽质量好时则少留些。在实际生产中，果农往往存在保守心理，开始舍不得疏，等到结果过多时疏已造成养分浪费过大，效果不明显。在准备冬剪之前，要根据品种、树势确定目标产量。花期易遇低温危害的地区不宜疏花芽，可改为疏花蕾，以保证坐果。疏花蕾适宜时期以大蕾期进行为宜，将弱枝、过密枝、畸形、较少的晚开花疏除。

（2）疏花 疏花时期以花序伸出到初花时为宜，越早越好。甜樱桃成龄树的短果枝和花束状果枝花芽量很大，由于花芽的分化质量参差不齐，相当数量花的花柄较短、花芽质量差，若不进行必要的疏除，将造成贮存营养的大量浪费，导致树体养分欠缺，树势衰弱，落花落果，坐果率很低，果实小，品质差，产量不高。同时，还会影响来年花芽分化，使产量下降，导致大小年结果现象。疏花比疏果省工，节省树体内的养分较多，利于坐果稳果。人工疏花宜在花蕾期进行，疏除基部花，留中、上部花；中上部花应疏双花，留单花；预备枝上的花全部疏掉。注意，此期间如遇低温或多雨，可不疏花或晚疏花。见图7-2。

(a)　　　　　　　　　(b)

图 7-2　疏花

（3）疏果 疏果时期在生理落果后，一般在谢花1周后开始，并在3～4天之内完成。幼果在授粉后10天左右才能判定是否真正坐果。为了避免养分消耗，促进果实生长发育，疏果时间越早越好。待幼果长到豆粒大时即可进行。先疏双果、病果、伤果、畸形果，后疏密生果、小果。留果个大的幼果。

2. 增大果个

果个大小与品种的关系密切，选择果个较大的品种进行栽培，如布鲁克斯、早大果、美早、先锋、萨米脱、巨红等。中晚熟甜樱桃品种开花量大，结果率高，若不进行必要的疏花、疏果，将会导致树体养分欠缺，树势衰弱，落花落果，果实小，品质差，产量不高。同时，还会影响来年花芽分化，使产量下降，导致大小年结果现象。

对中晚熟品种除了进行合理的疏花、疏果、定果增大果个外，还需要从增加树体营养、根外追肥、应用植物生长调节剂、适时采收等方面加强田间管理。

（1）增加树体贮藏营养，促生优质花芽　通过拉枝开角、扭梢、摘心等措施缓和枝条长势，促进营养生长向生殖生长方面转化。防好病虫，保好叶片，保证树体营养的持续供应；秋季叶面喷施 $1\%\sim2\%$ 尿素 $+20\sim40$ 毫克/升 GA_3，提高叶功能，利于甜樱桃花器官发育，提高完全花比例和坐果率，增大果实体积，提高果实单果重。

（2）多施有机肥　除苗木定植前多施有机土杂肥改良土壤外，对于结果树每年秋季（9月份）施土杂粪（麦糠、麦秸、杂草、人粪尿、牲畜粪、泥土等沤制）5000千克/亩，增加土壤有机质，改善土壤透气状况。

（3）果实发育期追施速效性肥料，如喷施 0.3% 磷酸二氢钾，$10\sim15$ 天喷施一次。

（4）保持幼果发育期的水分充足供应，尤其第二次果实迅速膨大期的水分平稳供应，可结合灌水，撒施碳酸氢铵。

研究表明，盛花后第9天喷施200毫克/升 GA_3，可有效增大果个。

（5）谢花后至采收前，叶面喷施4次氨基酸复合微肥或其他叶面肥。

（6）保持树体健壮生长　保持外围延长新梢当年生长量40厘米左右，控制新梢生长，减少与果实的营养竞争。

3. 提高品质

（1）提高可溶性固形物含量　首先选择一些果实品质好的品种，如布鲁克斯、萨米脱、拉宾斯等。其次选择纺锤形或中心干形的树体结构，枝枝见光，提高树体光合效果。多施有机肥，增施钾肥。通过疏芽、疏花、疏果等措施定量生产，控制产量在 $1000 \sim 1500$ 千克/亩。初花期至果实采收前，每 $7 \sim 10$ 天喷一次叶面肥。适时采收，在达到果实应有的成熟度时采收。果实色泽是紫色的品种，必须到紫红色时采收。鲜红色时采收的果实与紫红色时采收的果实，果个差别较大，而且风味也相差悬殊。

（2）提高果实硬度、增加耐贮运性　选择硬肉型的品种对提高果实硬度和耐贮性很重要。目前，果肉较硬的品种有布鲁克斯、桑提娜、美早、萨米脱、先锋、拉宾斯、胜利、友谊等。

谢花后至采收前叶面喷洒 4 次 200 倍的氨基酸钙；采前 3 周喷一次 18 毫克/升 GA_3。

采前喷施 $1.5\%Ca(NO_3)_2 + 0.3\%KH_2PO_4$ 能够抑制多聚半乳糖醛酸酶（PG）和过氧化物酶（POD）的活性，减缓膜质过氧化物（MDA）在细胞中的积累，延缓在贮藏期间品质劣变速度，有效提高甜樱桃果实的品质和耐贮性能。

第八章 灾害预防技术

櫻桃容易遭受不良气候危害，如冻害、冷害、干热风、花期高温、连阴雨等。北方果园主要是低温伤害，特别是开花坐果期冻害，冻花冻果，坐果率低，减产严重。需引起高度重视。

一、低温冻害预防

冬季绝对低温伤害和春季晚霜冻害已成为制约甜櫻桃露地栽培发展的关键气候因子，春季低温对花期前后的伤害尤为突出，导致冻花、冻芽、受精障碍、落花落果等灾害发生，短短几天或者几个小时直接影响全年的果品产量，对甜櫻桃生产造成减产减收，甚至造成绝产现象。

1. 冬季冻害

冬季冻害，主要由极端低温引起，造成花芽冻害、枝干冻伤，一般发生冬季冻害的临界温度为－20℃的低温。有时在－18℃时，大枝已经发生严重冻害。花芽冻害情况见图8-1。

图 8-1 花芽冻害

2. 冬春抽条

冬春抽条是指冬春季枝干失水干枯的现象。抽条在山东、辽宁、河北、北京等地普遍存在，但在干寒地区比较严重。抽条程度一般随树龄的增加而减轻。抽条较轻时，部分枝条失水皱皮或干枯，影响产量；严重时，会造成主枝甚至主干干枯死亡，严重影响了甜樱桃生产。

甜樱桃抽条主要是由于树体水分供需平衡受到破坏，失水量远远大于吸水量所致。因此，可以通过以下方法进行预防。

（1）选用抗抽条能力强的品种　如吉塞拉矮化砧木的早大果。

（2）提高枝条成熟度　前期加强肥水管理，促进枝梢健壮生长；后期控制灌水和氮肥，并喷施适量 PBO 使新梢停长，提高枝条成熟度。

（3）枝条缠包塑料膜　冬季土壤封冻前，用约 3 厘米宽的塑料膜把枝条依次裹紧、包实，待春季芽萌动时，将塑料膜解开，抑制水分蒸发。

（4）化学措施　落叶后和 2～3 月份气温开始回升时 GB 防寒蜡 20 和 40 倍液、TCP 抗蒸腾剂 200 和 400 倍液、高脂膜 60 倍液等防止水分蒸发。修剪造成的伤口及时涂抹保护剂。

对 1～3 年生幼树的旺条，可用猪肉皮从基部向上撸抹一下，使枝条上黏附一层油膜，防止抽条效果也很好，但涂抹不可过多过厚。否则，太阳暴晒后油脂融化，可渗进枝条皮孔或叶柄痕处造成组织坏死，导致死枝甚至死树。

（5）减少伤口　及时防治大青叶蝉、蚱蝉等在枝干上产卵的害虫，防止枝条上形成大量伤口。

（6）增加有效水分供应　越冬前灌足防冻水，使植株在休眠前吸收并增加贮存于树体中的水分，以备冬春的消耗。覆盖地膜或覆草，减少土壤水分蒸发，提高地温。

3. 花期冻害

花期冻害即晚霜冻害，是果树生产面临的共同难题，经常因花期冻害而大幅度减产，花期较早的樱桃、杏、李、桃等表现尤为明显。甜樱桃的晚霜冻害主要表现如下。

（1）冻芽 萌芽时花芽受冻较轻时，柱头枯黑或雌蕊变褐；稍重时，花器死亡，但仍能抽生新叶；严重时整个花芽冻死。

（2）冻花 蕾期或花期受冻较轻时，只将雌蕊和花柱冻伤甚至冻死；稍重时，可将雄蕊冻死；严重时，花蕊干枯脱落。见图 8-2。

图 8-2　冻花

（3）果实冻害 坐果期发生冻害，较轻时，使果实生长缓慢，果个小或畸形；严重时，果实变褐，很快脱落。

甜樱桃花期冻害的预防原则包括栽植时做好避霜规划、推迟物候期避过冻害高发期、保持果园热量、促进上层空气对流等。主要的预防措施如下。

（1）建园位置 最好选择地势高、靠近大水体、黏壤土或砂质黏壤土的地块建园。避免在山谷、盆地、洼地等地区建园，这些地区霜冻往往较重。

（2）选择抗冻品种 选择抗寒力较强的砧木或品种，如吉塞拉、马哈利。

（3）延迟萌芽开花期　选择晚花品种，如萨米脱、雷洁娜等。此外还可以通过树干涂白、早春浇水等措施延迟萌芽期和花期。在萌芽前全树喷布萘乙酸甲盐（250～500毫克/千克）溶液或0.1％～0.2％青鲜素液可抑制芽的萌动，推迟花期3～5天。

（4）增强树体抗寒力　通过合理负载、合理施肥浇水、科学修剪、综合病虫害防治等措施，增强树势和树体的营养水平，提高抗寒力。

（5）改善果园小气候

① 薰烟法：熏烟是目前应用最为广泛的一种方法。在最低温度不低于－2℃时，果园内熏烟能使气温提高1～2℃。每亩设置生烟堆至少5～6堆，应设在上风头，使烟布满全园。生烟堆高1.5米，底直径1.5～1.7米，堆草时直插或斜插几根粗木棍，垛完后抽出作透气孔。将易燃物由洞孔置于草堆内部，草堆外面覆1层湿草或湿泥，这样烟量足，且持续时间长。熏烟材料可用作物秸秆、杂草、落叶等能产生大量烟雾的易燃材料。发烟堆以暗火浓烟为宜，使烟雾弥漫整个果园。烟堆要在气温将要降至0℃之前点燃，一直发烟至早晨日出。形成的烟幕在果园中形成一种"温室"，阻止地面放热。

② 加热法：国外主要利用果园铺设加热管道，利用天然气加热，或利用燃油炉加热的方法，提高果园温度，防御低温。国内绛县在甜樱桃花期低温预防上实现了新突破，在花期－6.4℃低温下仍可获得较高的经济效益。具体做法如下：在樱桃园西北面用彩条布和玉米秸建起风障，在樱桃树下放置适量（24个/亩）蜂窝煤的炉胆（只需炉胆，不需外加炉壁），当防冻警报响起后，用煤油喷灯点燃炉膛下层的玉米芯，玉米芯上加块蜂窝煤，一个人1小时可点燃2亩樱桃园的蜂窝煤炉，在发生冻害的晚上一个煤炉用4块蜂窝煤，可多年使用。

③ 吹风法：风机主要是针对辐射霜冻而采用的一种防霜方法。每个果园隔一定距离竖一高 10 米左右的电杆，上面安装吹风机，霜冻来临前打开风机，将离地面约 14 米的暖空气与近地面的冷空气进行置换，正常运转后能够使近地温度提高 3℃ 左右，提高树体周围气温，从而避免冻害发生。风机上装有温度及风速实时监测装置，并能够在温度达到设定值时自动启动。但是费用较高。

④ 喷水法：春季多次高位喷水或地面灌水，降低土壤温度，可延迟开花 2～3 天。喷灌降低树体和土壤温度，可延迟开花。根据天气预报，在霜冻发生前 1 天灌水，提高土壤温度，增加热容量，夜间冷却时，热量能缓慢释放出来。浇水后增加果园空气湿度，遇冷时凝结成水珠，也会释放出潜在热量。因此，霜冻发生前，灌水可增温 2℃ 左右，有喷灌装置的果园，可在降霜时进行喷灌，无喷灌装置时可人工喷水，水遇冷凝结时可释放出热量，增加湿度，减轻冻害。

已经发生冻害的果园，应采取积极措施，将危害降低到最低限度。对保留的花采取人工授粉或壁蜂辅助授粉，喷硼（0.3%）、尿素（0.3%），以提高坐果率。

二、遇雨裂果危害

甜樱桃果实膨大期或成熟期遇雨容易引起裂果，轻者影响果实外观品质，重者绝收（见图 8-3）。减少或避免甜樱桃裂果的主要技术措施如下。

1. 选择抗裂果品种与适宜砧木

甜樱桃裂果与环境条件密切相关，应选择适宜当地气候条件的优良品种作为主栽品种。品种间的裂果程度显著明显，在果实其他品质相差不大的前提下，可选择抗裂性强的品种，多年来表现不易裂果的品种有沙蜜脱、黑珍珠、斯帕克里、斯得拉等，裂果极轻的

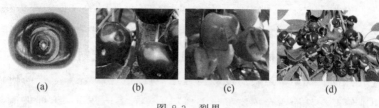

图 8-3　裂果

品种有美早、拉宾斯、先锋、意大利早红等。也可根据当地雨季来临时期选择不同成熟期的品种，使成熟期避开雨季，从而避免裂果。在选择品种的同时，也应考虑砧木的影响。

2. 保持相对稳定的土壤湿度

适时适量灌水，及时排水，维持稳定适宜的土壤水分状况，尤其是保持花后土壤水分的稳定，是防止裂果的有效方法。使土壤含水量保持在田间最大持水量的 60%～80%，防止土壤忽干忽湿。干旱时，需要浇水，应少水勤浇，严禁大水漫灌。果园能应用喷灌，尤其微喷最好，既减少了用工量，又提高了水分利用效率。没有条件的果园可采用根系分区交替灌水技术，既满足树体需水要求，又不至于使土壤水分过多。

3. 避雨栽培

建造塑料薄膜避雨简易大棚骨架，以水泥柱、粗铁丝、细铁丝、编织布等质材的园艺幕布、尼龙绳等为材料。下雨前将幕布拉上，雨后将幕布再拉下。除防雨避免裂果外，还可以预防花期霜冻。遮雨大棚种类很多，但是无论采用哪种，为了防止高温危害，避免影响果实着色和花芽分化，棚顶距离甜樱桃树的上部枝条之间应保留有 1.0 米的空间。同时结合起垄（台）栽培地膜覆盖，利于排水，稳定土壤湿度。

4. 增施有机肥，叶面喷钙肥

樱桃果实成熟早，从开花到果实成熟一般是 40～70 天，每年秋季施足有机肥，春季樱桃萌芽后开花前可少量施一次化肥，促进开花坐果，以后果实整个生长期靠有机肥平稳地提供营养，这样就可以降低裂果并能提高果实品质。

谢花后至采收前叶面喷施 200 倍的氨基酸钙或 600 倍的硼钙宝、氨钙宝、0.5％$CaCl_2$，能减轻甜樱桃裂果。

三、减少畸形果技术

甜樱桃畸形果主要表现为连体双果、山鼻果，个别发生严重年份表现连体三果、四果，甚至更多，见图 8-4。畸形果产生的原因是上一年度花芽分化过程中雌蕊原基分化不正常造成的，影响因素主要是温度、土壤湿度、树体生长势、品种等，如温暖地区高温、干旱、树势弱更容易发生畸形果。2014 年山东鲁中南山区，红灯、早大果畸形果率高，分析其原因，主要是 2013 年 7 月份降水偏多，造成涝害，树势弱，同时气温较高导致花芽分化双雌蕊或多雌蕊的发生。

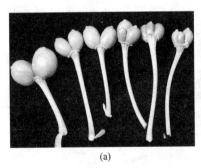
(a)

(b)

图 8-4　畸形果

甜樱桃畸形果产生与遗传因素有关，不同品种之间差别较大。调查发现，布鲁克斯、萨米脱、雷尼等发生率低，红灯、早大果等发生较重。具体预防措施如下。

（1）保持树体健壮生长　调查发现，红灯在山岭薄地长势弱、叶片小时畸形果率高,因此生产中应加强土肥水管理,确保树体生长健壮,叶片正常。

(2)遮阴 温暖地区高温季节采取遮阴措施,降低太阳直接辐射,可以有效降低气温,从而降低畸形果发生。研究发现,在日最高气温超过35℃的天数达到14天的年份,78%的遮阴率可显著降低畸形果发生率。遮阴措施可与防雨棚结合进行。

(3)及时疏除畸形花和畸形果 产生畸形果的花在花期就表现为畸形,因此在甜樱桃花期、幼果期应及时疏除畸形花和畸形果,减少树体营养消耗,促进邻近果实的发育。

四、防鸟害技术

甜樱桃由于成熟早、果实色泽鲜艳、多汁,很多鸟类喜欢啄食,是遭受鸟害较重的果树之一,主要害鸟有花喜鹊、灰喜鹊、麻雀等。随着大量植树造林和人们环保意识的增强,这些鸟类的数量有了明显的增加。

野生的鸟类受法律保护,不得射杀伤害,因此鸟害只能设法驱避。国内外果园驱鸟的方法主要如下。

1. 人工驱鸟

在甜樱桃临近成熟时开始,在鸟类危害果实较严重的时间段,如清晨和黄昏,设专人驱鸟,及时把鸟驱赶至远离果园的地方,大约每隔15分钟在果园中来回巡查、驱赶1次。

2. 置物驱鸟

在樱桃园中放置假人、假鹰(用多种颜色的鸡毛制成,绑缚于木杆上,随风摆动驱鸟),或在果园上空悬挂画有鹰、猫等图像的气球或风筝,可短期内防止害鸟入侵。

3. 声音驱鸟

将鞭炮声、鹰叫声、敲打声以及鸟的惊叫、悲哀、恐惧和鸟类天敌的愤怒声等，用录音机录下来，在樱桃园内不定时地大音量播放，以随时驱赶散鸟。音响设施应放置在果园的周边和鸟类的入口处，以利借风向和回声增大防鸟效果。

4. 反光设施和设备

（1）铺反光膜　果园地面铺盖反光膜，其反射的光线可使害鸟短期内不敢靠近树体，同时也利于果实着色。

（2）挂防鸟彩带　防鸟彩带由纤维性材料和塑料薄膜制成，长10～15厘米，宽5～10厘米，正反两面为紫红色或铝箔色，能反射出耀眼的光。使用时将两端拴在木桩上，使其随风飘舞，它便会在日、月、星、灯光的照射下，放射出奇异的彩色光束，使鸟产生惧怕而逃走。每公顷果园只需20卷彩带。成本低，简单易行，便于普及推广。

（3）悬挂光盘　收集外观未受损的、银面光亮无痕的光碟、光碟直径为12厘米、单面或双面银色的废弃光盘。用尼龙绳从光碟的中心小孔中穿过，将靠近光碟一端的尼龙绳打结拴住光碟，将尼龙绳的另一端提起。在樱桃树外围中上层东、西、南、北四个方位各选一个枝，将光碟的另一端拴在选定的枝上，一个枝上挂一个光碟。果实采收后，将光碟从树枝上取下回收，保存在干燥通风的地方，以备下一年重复利用。该方法经济环保、简便易行、持续防鸟效果好。

5. 化学驱逐剂驱鸟

在甜樱桃成熟期，在树冠上悬挂配置好的驱鸟剂，缓慢持久地释放出一种影响禽鸟中枢系统的芳香气体，迫使鸟类到别处觅食而远离果园。也可喷洒无公害的食用香精氨茴酸甲酯，将氨茴酸甲酯与水按1∶15混合后，均匀喷洒到果实上，每3天喷洒1次，并且雨后加喷1次，鸟类食用了喷洒过药物的樱桃果实后会感到恶心厌恶，从而达到驱鸟的目的。

6. 防鸟网

架设防鸟网是既能保护鸟类又能防治鸟害最好的方法。对树体较矮、面积较小的果园，于甜樱桃开始着色时（鸟类危害），在果园上方 75～100 厘米处增设由 8～10 号铁丝纵横交织的网架，网架上铺设用尼龙或塑料丝制作的专用防鸟网（白色及红色丝网或纱网等，网孔应钻不进小鸟，网目以 4 厘米×4 厘米或 7 厘米×7 厘米为好）。网的周边垂至地面并用土压实，以防鸟类从侧面飞入。也可在树冠的两侧斜拉尼龙网。果实采收后可将防护网撤除。

此外，部分地区还有大风、雨涝、冰雹等灾害，应加强预防，减灾防灾。沿海地区，风灾发生概率高，提倡小冠树形和支架辅助栽培；南方雨涝发生频繁，提倡起大垄、深挖排水沟，同时进行遮雨栽培；容易遭受冰雹危害的地区，栽培甜樱桃时结合防鸟网搭建防雹网。

第九章　设施栽培技术

设施栽培是甜樱桃安全生产的一种特殊形式，主要通过一定的设施结构和覆盖材料及相应的配套技术，在可控环境下对影响甜樱桃生长发育环境因子（温度、光照、湿度、二氧化碳、土壤等）进行调控，从而实现安全、优质、高效生产。通过设施栽培，可以减轻或避免花期低温、高温、降水、干热风等危害，确保坐果，同时可以提早成熟或延期采收，满足市场需求。目前，甜樱桃设施栽培的模式主要包括以提早上市为目的的促成栽培、以防止裂果为目的防雨栽培和越冬保护栽培。国外主要以连栋温室（Multi-span greenhouse）和塑料大棚（Polytunnel）进行促成栽培，以防雨棚（Rain covers）进行防雨保护栽培。我国主要以日光温室（Solar greenhouse）和塑料大棚进行促成栽培为主，防雨棚发展次之，越冬保护设施稍有发展。

一、促成栽培

（一）促成栽培设施结构

1. 连栋温室

欧美国家主要采用连栋温室进行甜樱桃促成栽培。如加拿大 Cravo 公司和荷兰 Amevo 公司生产的连栋温室，为钢架结构，环境调控能力强，机械化控制程度高；一次性投入大，但使用年限长，经济高效。以 Cravo 公司的 X Frame 型为例（图 9-1），脊高、排水沟高度和单栋宽分别为 5.0～6.5 米、3.2～4.3 米和 8.0～9.6 米；温室的周围均采用地锚（Anchors）固定，温室封闭时可抵御

110 千米/小时的大风，每平方米可承受 21 千克的冰雹或雪；每个坡面有 7～9 根钢丝绳承担覆盖材料，2～3 根钢丝绳连接覆盖材料的移动端和温室一端的转轴，一台电动机可控 4500 平方米的覆盖材料的开启和关闭，仅需 2.5 分钟；覆盖材料一般可以使用 8～12 年（www.cravo.com）。

(a)

(b)

图 9-1　连栋温室

2. 日光温室

日光温室是我国自主研发的温室结构，主要优点是节能，主要靠常规能源，多数利用太阳能，缺点是结构标准化程度低、环境调控能力差。

我国辽宁大连主要采用简易日光温室进行甜樱桃促成栽培（见

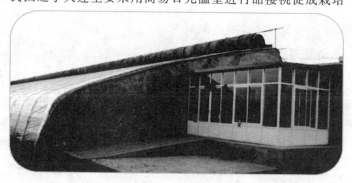

图 9-2　日光温室

图 9-2)。日光温室的设计，一般采用坐北朝南、东西走向，跨度一般为 7.5～12 米，余高一般为 3～6 米。其矢高与跨度的比值为 0.4～0.5，以利于采光和揭、盖草帘。通常跨度越大、矢高越高，温室的保温性能越差，所以不同纬度，不同的气候条件选用不同跨度的温室。但大多日光温室根据地形、果园面积、树体高度等确定设施结构参数，因此标准化设施应用较少，生产中日光温室长度一般为 70～120 米，跨度 7～15 米，脊高 4.0～5.8 米，后墙高 3～4 米。如瓦房店某日光温室长度为 112 米，跨度 15 米，脊高 5.8 米，后墙高 4 米；营城子镇某日光温室长度为 70 米，跨度 10 米，脊高 4 米，后墙高 3 米。

为了从结构上解决日光温室的采光和蓄热问题，西北农林科技大学设施农业团队研发了主动采光蓄热倾转屋面日光温室创新结构，该结构可以根据冬季逐日最佳采光倾角的要求，对日光温室的采光面进行垂直调整。采光面倾角从 25° 提高到 35° 时，采光效率提高 25% 以上，室内温度提高 3～5℃。主动采光蓄热倾转屋面日光温室结构：温室跨度 9～12 米，脊高 5～6 米，长度 60～90 米，前屋脚部分采光倾角为 53°，机动屋面的倾角在 25°～35° 之间连续变化。

保温材料主要有棚膜、草帘和保温被，一般不需要加温设备。棚膜主要有聚乙烯无滴长寿膜、聚乙烯多功能膜、聚乙烯无滴调光膜等，厚度一般为 0.09～0.12 毫米。抗风能力强。日光温室内温度高低与光照有直接关系。不加温温室，冬季、早春室内外温差多在 15℃ 以上，有时高达 30℃ 以上。日光温室内最低气温出现在揭帘之前。刚揭完草帘时，室内气温会略下降，但很快又回升。晴天上午不通风时，每小时可上升 5～6℃。13：00 左右气温最高，然后逐渐下降，直至覆盖草帘。但覆盖草帘后，气温又会回升 1～2℃，而后夜间气温还会缓慢下降，一般下降 3～8℃。

影响日光温室内湿度的主要因素是土壤水分和棚膜冰霜。

3. 塑料大棚

欧美国家主要采用英国 Haygrove 公司生产的温室系列塑料大棚（Greenhouse Series Polytunnels）进行甜樱桃促成栽培。该设施规模化生产的费用明显低于连栋温室。该设施为直径 4 厘米的镀锌钢架结构，由支柱和弯弓组成，支柱间距为 2.2 米，支柱长 1.5～2.5 米，其一端插入土壤 65～85 厘米深，另一端两侧焊有 2 个内径为 4 厘米、长为 20～30 厘米、底端封闭的镀锌钢管（用于安装弯弓）；弯弓的宽度为 8.5 米，最大脊高为 5.0 米，支柱上部弯弓之间也可安装排水沟；其两端、两侧及顶部覆盖材料均采用电动机开启和关闭（www. haygrove. co. uk）。见图 9-3。

图 9-3　塑料大棚（一）

我国山东烟台、临朐、泰安等地主要采用塑料大棚进行甜樱桃促成栽培，设施形式多样，有单栋、双连栋和多连栋塑料大棚。该设施为钢架结构或钢架、水泥柱和竹木混合结构，其长度和跨度因园片不同差异较大，一般长度为43～120米，单栋跨度5～17米，脊高6～9米。临朐的甜樱桃砧木为考特，树体高大，脊高为6～8米；烟台莱山用大青叶作砧木，并采用矮化栽培方式，树体较小，脊高为4.7～5.6米。保温材料多为草苫，需加温设备，烟台多采用燃煤炉空中烟筒加热，临朐多采用地炉地龙式磁管加热。见图9-4。

图 9-4　塑料大棚（二）

（二）栽培关键技术

1. 定植

新建园片，注意以下建园技术体系。

（1）砧木品种　以矮化、半矮化砧木为主，目前主要为吉塞拉6号、吉塞拉5号；选择考特、马哈利、大青叶等乔化砧木，采用矮化密植栽培技术。

（2）栽培品种　以个大、硬肉、丰产的早中熟种为主，侧重自交亲和品种，色泽上以深色品种为主，适当搭配浅色品种。目前生产表现中，山东临朐主要以红灯、美早、先锋、拉宾斯、雷尼等搭配为主，辽宁大连地区主要以红灯、美早、佳红、萨米脱等为主。

推荐推广品种有布鲁克斯、美早、黑珍珠、明珠、鲁玉、彩玉、福星、雷尼等。

（3）授粉品种配置　要求主栽品种花期一致、授粉亲和，即主栽品种可以互为授粉树。一般主栽品种与授粉品种比例为 3:1，每个设施中授粉品种不少于 2 个，一般主栽品种与授粉品种以隔行栽植为宜，即每隔一行或二行主栽品种栽植一行授粉品种。

（4）栽植密度　采用宽行密株，一般要求行距比株距大 2 米左右，选择细长纺锤形时推荐密度为株行距（1.5～2）米×（3.5～4）米；高纺锤形株行距（0.75～1.5）米×3.5 米；直立主枝树形株行距 1.5 米×（3.0～3.5）米；小冠疏层形株行距（2.0～2.5）米×4.0 米。

（5）栽植行向　一般采用南北行。东西行树冠自身遮阴比较严重。

（6）起垄栽培　每亩撒施优质土杂肥 5000 千克以上，进行全园耕翻耙平，沿行向起垄，垄宽 60～80 厘米、高 30 厘米左右。

（7）苗木处理　栽植前对苗木根系修剪和分级，大苗、壮苗栽于北端，小苗、弱苗栽于南端；根系处理，栽植前先将苗木根系放入清水浸泡根系 12～24 小时，再用加有 K84 和生根剂的泥浆蘸根，促发新根，抑制根瘤。

（8）栽植技术　在垄畦中间挖穴定植，栽植深度与苗木圃内深度一致或略深 3 厘米左右。栽后踏实、灌水，并覆膜保墒。

（9）支架设置　直立主枝、高纺锤形等树形，苗木栽植后要顺行向设立支架。支架材料有镀锌管、水泥柱、竹竿、铁丝等。

（10）管道灌溉　顺行向铺设一条或两条滴灌管道。一般选用直径 10～15 毫米、滴头间距 40～100 厘米的炭黑高压聚乙烯或聚氯乙烯的灌管和流量稳定、不易堵塞的滴头。流量通常控制在 2 升/小时左右。

2. 扣棚升温

甜樱桃树体进入自然休眠后，需要一定限度的低温量才能解除休眠，升温后才能进行正常的萌芽、开花、结实和果实成熟，因此，甜樱桃完成自然休眠之后才能覆膜。覆膜过早，发芽、开花不整齐、影响果实的产量和质量。通过自然休眠，要达到一定的需冷量，甜樱桃为 7.2℃ 以下 1100～1440 小时，温度低时，时数少些。不同品种间略有差异。根据需冷量推测，山东烟台地区 12 月底至 1 月初可通过自然休眠。具体扣棚时间，要根据大棚的设施条件和鲜果上市需求时期来确定。烟台、青岛地区，加温、保温条件较好的，于 1 月底 2 月初覆膜；无加温、保温条件的 2 月下旬覆膜。

大连地区通常在 10 月中下旬后当外界气温出现 0℃ 时要及时扣膜盖草苫，晚上打开通风口，白天合上通风口，盖上草苫，使温度控制在 0～7℃ 之间，当累计低温达到 1000～1200 小时后才能完成树体休眠，不同品种休眠时间长短不一，大连市农科院果树研究所研究表明：红灯、红艳、早红珠、红蜜需冷量为 800～850 小时，佳红、美早为 950～1000 小时。因此必须在满足所栽植品种的最高低温需求量后才能揭帘升温。一般大连地区 12 月下旬开始升温，北部地区可稍早。升温前土壤灌一次透水，然后覆地膜；并且升温前后完成修剪工作，要求树高与棚高之间距离 50 厘米。直立、强旺枝拉至水平，内堂细弱枝短截回缩。

3. 环境因子调控

（1）温度　覆膜以后，棚内的气温升高快，地温则升高较慢。为了保持地下和地上温度协调平衡，可在覆膜的同时或提前用全透明地膜进行地面覆盖增温。覆膜 1 周内棚内白天气温 18～20℃，夜间气温不低于 0℃；覆膜 7～10 天后夜温升至 5～6℃，白天 20～22℃。要防止 25℃ 以上的高温。

发芽至开花期，地温要求 14～15℃。棚内覆盖地膜可使地温提前 10 天达到 14℃。气温夜间 6～7℃，白天 18～20℃。盛花期夜间气温 5～7℃，白天 20～22℃为宜，过高或过低均不利于授粉受精。此期要严格避免−2℃以下的低温和 25℃以上的高温。谢花期白天 20～22℃，夜间 7～8℃。

果实膨大期，白天气温 22～25℃，夜间 10～12℃时，有利于幼果膨大，可提早成熟。果实成熟着色期，白天不超过 25℃，夜间 12～15℃，保持昼夜温差约 10℃。严格控制白天气温不能超过 30℃，否则果实着色不良，且影响花芽分化。

设施内温度主要靠开关通风口、作业门和揭盖草帘调控。大棚覆膜后，1～3 天通风窗、作业门全开，4～7 天昼开夜关，8～10 天晚上逐步盖齐草帘。后期棚内温度过高时，10：00～15：00 要加强通风换气，控制不超过 25℃。日光温室升温第 1 周，草苫揭开 1/3 高度，以后每天逐渐升高；升温第 2 周，草苫揭开 2/3 高度，以后每天逐渐升高；第 3 周开始全部揭开草苫并打开通风口。

（2）湿度　土壤相对含水量要保持在 60%～80%。通常情况下，覆膜后、发芽期、果实膨大期各浇水一次。应注意最后一次浇水不能过多，否则容易发生裂果。浇水后及时中耕松土。

覆膜初期至发芽期，棚内空气相对湿度维持在 80% 左右。开花期空气湿度以 50%～60% 为宜。果实成熟期空气湿度以 50% 为宜。日本温室甜樱桃栽培的经验是：自覆膜到发芽，中午棚内湿度为 60%～70%；发芽到开花 50%～70%；花期 50%～60%；坐果到果实膨大期 40%～60%；果实着色成熟期为 30%～50%。增加空气湿度可向地面洒水和树体喷水；降低空气湿度通过启闭通风窗、门等来完成。

4. 花果管理

人工辅助授粉：一般设施内放蜜蜂进行辅助授粉，蜂量大时需要饲喂。同时开展人工辅助授粉，用鸡毛掸子在不同品种的花朵上扫动授粉，自初花期开始，一般进行 3～5 次授粉。

花期叶面喷施 0.3％硼砂，0.3％尿素加 0.3％磷酸二氢钾。

为提高单果质量，开展疏花芽、疏花蕾、疏花疏果等。萌芽前花前复剪控制负载量，萌芽后至开花时疏花蕾。每个花束状枝保留 7～8 朵花。生理落果后疏除畸形果。

5. 采后管理

（1）及时去除覆盖物　采收近结束时放风锻炼不得少于 15～20 天，去除棚膜但防止撤膜过急。撤膜后及时罩遮阳网保护，防止夏季高温日晒灼伤叶片，遮阳网的遮光率要在 30％以下。

（2）及时补肥　种类以速效性肥料为主，株施腐熟豆饼 2～3 千克或 N、P、K 复合肥 1 千克，沟施，沟深 20 厘米左右。叶面补肥，每隔 15 天左右喷施叶面肥 1 次，连续 2～3 次。

（3）追肥后灌水　雨季搞好棚内排水。

（4）预防夏季高温干燥对树体的影响，要及时喷灌水和打开通风窗。

二、避雨栽培

甜樱桃成熟前遇雨裂果，导致果实丧失商品价值，损失严重。多雨地区栽培甜樱桃，病害严重，如花腐病、根腐病、早期落叶病等，造成幼果腐烂、引起死树、花芽发育受阻等问题。针对这些生产中的实际问题，通过搭建简易避雨设施，可以减轻裂果和发病，促进甜樱桃可持续健康发展。

1. 简易防雨棚

简易防雨棚，结构简单，棚膜为聚乙烯或聚氯乙烯膜，1 个棚覆盖 1 行树，整个防雨棚如一列长形的雨伞盖于树冠上方，盖膜时期可以从花蕾期至果实成熟期，既能防雨也可以防霜冻。具体结构如下。

（1）立柱　为水泥钢筋柱，立柱横断面为 9 厘米×10 厘米，中间有 3 根钢筋（或铅丝），总长度 3.5～4.5 米，埋入土中 0.5 厘米，地上高 3～4 米，地上高度依据果园树体高度而异，原则上高于树冠顶部 0.4 米。沿树行立支柱，每 15～20 米立 1 柱。

（2）框架　为角钢焊接或螺栓固定而成，其水平角钢为 4 厘米×4 厘米角钢，各行的水平角钢连接成一个整体，斜撑架为 3 厘米×3 厘米角钢。

（3）钢丝　棚顶和膜两边共有 3 道钢丝，已固定支撑棚膜的竹片、棚膜及压膜线。跨于棚顶钢丝上固定有 4 厘米宽的竹片，竹片间隔 0.6 米。

（4）棚膜　盖于棚顶，用透明度高的聚乙烯膜，宽约 4 米，两边包有一根尼龙绳（包于膜内，用热焊封于膜内），以增加膜边缘耐力。

（5）压膜线　变形的压膜线压于膜上，每相邻两片竹片间有一根压膜线，压膜线拴于棚两边的钢丝上。

（6）斜拉钢丝　每行支架的两端有斜拉钢丝，固定支撑作用。

2. 三线系统覆盖设施

挪威的遮雨设施是从只覆盖单棵树发展到覆盖所有行的树。20 世纪斯旺研究中心对不同的覆盖系统进行了设计和试验，然后选出了一种三线系统的遮雨设施，几乎被所有的樱桃栽培者应用。这个系统的整体框架就是木柱支撑的一些线网络，这些线都与行相平行，每行树上方都拉一条与行平行的三线系统。行间每隔 12 米立一个高 5 米、粗 10 厘米的木头柱子，为了使柱子牢固，要机械或人工将柱子埋进土里 1～1.2 米，即地上的柱子高为 4 米，在每行的末端，要用 14 厘米粗的柱子，整个的支架都是用的圆木，每个柱子之间都是用木工活将他们连起来的。见图 9-5。

上方的遮盖物沿着这三条线可以往前或往后拉，顶部最高的线离地 4 米高（这条线在树的正上方，其余两条线在行间的正上方），比两边的高 0.5 米，因此沿着中轴看这个塑料覆盖物是个三角形。

图 9-5　遮雨设施

两边的线的水平距离为行间距减 0.1 米。树最高为 3.3 米，在前期的生长中这样的高度是合适的。

编织的或压缩的塑料膜都可以用作覆盖材料，寻找结实的、轻的、便宜的材料很重要。每块覆盖物的长度与行间两个杆之间的距离相同（即每两个支柱之间用一个覆盖物），当覆盖物的两侧打上孔后，覆盖物的宽度应该是行间距减 0.5 米。覆盖物上孔的距离是 1 米一个，为了保证覆盖物更加安全、有力，在行的末尾打孔的距离为 0.5 米。每个孔上安装一个有弹力的橡胶绷带，再安装一个很紧的挂钩，将这些挂钩连在两边的线上，当覆盖物要拉动的时候这些挂钩就可以前后滑动。如果有鸟的时候就可以将一个大网子安装在那些最高的木柱子上面。

3. Rovero 覆盖设施（见图 9-6）

Rovero 是德国的一个覆盖系统，目前欧洲许多国家都在进行试验。它可以保护樱桃园免受雨和冰雹的伤害，抗风能力尤其强。

图 9-6　Rovero 覆盖设施

防冰雹的网子，宽是 50 厘米，它的一侧缝合然后跟相邻的塑料膜的一侧重叠，当刮风的时候，这些塑料长带就会打开，风就会从开口过去而不会损害塑料膜和整个框架。即使遇到强风，风也能从开口过去而不会损害塑料膜和整个框架。这种塑料膜是编织成的，品质就像防冰雹的网一样好。整个框架就是在每行树里均匀地立很多钢铁柱子，柱子上方拉一条绳将它们的顶部连起来。在树的上方盖两个连起来的塑料长条覆盖物，在行间的上方将两边的塑料覆盖物用别针或挂钩固定，固定间距为 0.5～1.0 米，在行的末端和其他位置加上网子可以完全防止鸟害。

第十章 病虫害防治技术

甜樱桃果园常见的主要病害有流胶病、根癌病、细菌性穿孔病、褐斑穿孔病、褐腐病、根茎腐烂病等；主要虫害有桑白蚧、梨小食心虫、果蝇、桃小叶蝉、刺蛾、绿盲蝽、潜叶蛾、红颈天牛、叶螨等；近些年生理失调病征发生较多，畸形果率增高；病毒病有上升的趋势。严重威胁到果品的产量及质量。

甜樱桃主要栽培品种果实发育期只有 45～65 天，而且在果实发育期间基本不喷药，在消费者心中是真正的绿色高档果品，因此，对于甜樱桃病虫害的防治，应采取绿色防控策略，从果园生态系统整体出发，以农业防治为基础，培肥地力，提高树体抗病虫能力，积极保护利用自然天敌，恶化病虫的生存条件，在必要时合理地使用化学农药，将病虫危害损失降到最低限度。通过推广标准化生产，应用生态调控、生物防治、物理防治、科学用药等绿色防控技术，提升果品质量安全水平。

一、主要病害及防治技术

（一）流胶病

1. 发病症状

常见于主干和主枝，有时小枝也可发病。一般表现为病部肿胀，流出半透明的黄色树胶，逐渐变为红褐色，干燥后变为茶褐色的硬质胶块。病部的皮层及木质部易受真菌侵染，皮层变褐、腐烂。树势逐渐衰弱，严重时枝条干枯甚至整株死亡。果实发病时，果肉分泌黄色胶质溢出果面，病部硬化，严重时龟裂。见图 10-1。

图 10-1 流胶病

2. 发病规律

侵染性流胶病的病菌以菌丝体、子座和分生孢子器在病部，可在病枝上存活多年。分生孢子靠雨水传播，萌发后从皮孔或伤口侵入。

流胶病发病与温度、湿度有关。5～9月份为发病严重阶段，春季随着温度的升高和雨水的增多，发病趋势明显，雨水较多时，病部渗出大量胶液，以后随气温下降，逐步减轻至停止。

老树若疏于管理，比幼龄树流胶严重；酸性、透气性较差及种植过核果类果树的土壤流胶病易发生；偏施氮肥、负载量过大、地势低洼、雨季排水不畅等因素导致发病严重。

3. 防治方法

（1）农业防治　多施有机肥，少施氮肥，增施磷肥、钾肥，改善土壤环境，增加土壤透气性，增强树势，提高树体抗病能力；提倡管道灌溉，避免水喷到枝干上；排水通畅，避免造成园内湿度过大，为病害发生提供条件；幼树期，行内宜采用清耕法，行间生草或间作矮秆作物。

（2）人工防治 花前复剪，控制花量，合理负载；生长季修剪在雨季来临之前完成；回缩修剪留桩，不能紧贴树干疏除大枝，避免剪口过大；及时剪除园内流胶病病枝；初冬枝干涂白石灰硫酸铜合剂，配制比例为硫酸铜、生石灰、水、豆面按照 1：3：25：1；初春，萌芽前用波尔多液（1 克硫酸铜＋1 克生石灰）或 3～5 波美度石硫合剂喷洒枝。

（3）药剂防治 在病害开始出现时，刮除病部胶体及溃疡部位，涂抹克菌丹、甲基托布津、扑海因等杀菌剂，一般应在第 1 次（5 月）涂药后，隔 10～15 天涂抹 1 次，至少涂 3 次。涂药后包扎。

（二）根癌病

1. 发病症状

主要发生在根茎部，也可发生于侧根上；危害部位常形成大小不一、球形或扁球形的瘤体。树体感病后，幼树生长发育缓慢，植株矮小，严重时树体早衰；成龄树出现树势衰弱，落花落果，树体枯萎死亡。

2. 发病规律

根癌病是由根癌土壤农杆菌引起的一种细菌性病害，樱桃等核果类果树易感病。病原菌在根瘤组织内或土壤中越冬。病原菌主要依靠雨水和灌溉水传播，修剪工具、病残组织及重插土壤有利于病菌的传播，病菌通过剪口、嫁接、扦插、虫害、冻害等伤口侵入。湿度大、偏碱性土壤易于病菌的侵染，25～30℃适宜病菌生长，22℃最适合根瘤形成。

3. 防治方法

（1）农业防治 加强肥水管理，避免大水漫灌，降雨后应及时排水松土，增加土壤透气性，增施有机肥、生物菌肥，促进根系健壮生长，增强树体抗病性；锄草、松土时避免在根茎部造成伤口，增加病菌侵染概率。及时消灭地下害虫。育苗时，选择无病地或前茬未培育过果树苗的地方作为苗圃，育苗前，可用甲基托布津、棉隆等消毒剂对土壤进行充分消毒；选用大青叶、考特等抗性较强的砧木，嫁接时消毒刀具，宜采用芽接法。

（2）药剂防治　苗木栽植前，可用K84生物杀菌剂浸根消毒3～5分钟。发现病株后，要彻底清除癌瘤，并及时清理、烧毁，同时用1%硫酸铜液或K84药液涂抹伤口，并在根系周围浇灌药液。死树及时拔除，用生石灰或1%硫酸铜液消毒土壤。

（三）细菌性穿孔病

1. 发病症状

病菌主要为害新梢和叶片。叶片发病时，初为水渍状斑点，后变为紫褐色至黑色病斑，病斑2～3毫米，圆形至不规则形，周围有水渍状黄绿色晕圈，后病健交界处产生离层，病斑脱落形成穿孔。枝梢感病后，形成暗褐色水渍状小疱疹，后扩大为圆形或椭圆形，皮层溃疡、开裂，严重时可造成枝梢死亡。见图10-2。

图 10-2　细菌性穿孔病

2. 发病规律

病原细菌在枝条病部越冬，翌年春季气温回升后，病菌从枝条病组织溢出，借风雨或昆虫传播，经气孔、皮孔侵入叶片或枝条。一般 4 月中下旬开始发病，天气干旱，发病较轻，进入 8～9 月雨季时，发病较为严重。温暖、多雾或多雨条件下，利于病害发生。树势衰弱、偏施氮肥、果园湿度大，可加重病害发生。

3. 防治方法

（1）农业防治　彻底清除病枝、病叶，集中深埋或烧毁；增施有机肥，减少氮肥施用，有利于改良土壤，增强树势。

（2）药剂防治　树体萌芽前喷 3～5 波美度石硫合剂或 1∶1∶100 的波尔多液，杀灭藏于树干、翘皮内的病原菌。落花后 2 周，每 7～10 天喷 68％农用链霉素 2500 倍液、70％代森锰锌可湿性粉剂 600 倍液或 90％新植霉素 3000 倍液，2～3 次即可。

（四）褐斑穿孔病

1. 发病症状

主要危害叶片。发病初期，在叶片上形成针头大小的紫色小斑点，病斑逐渐扩大为圆形褐色斑，边缘变厚呈红褐色至紫红色，直径 1～5 毫米。病部逐渐干燥、皱缩，周缘产生离层，脱落形成孔洞。斑上具有黑色小粒点，即病菌的子囊壳或分生孢子梗，能产生分生孢子，危害叶片和新梢。感病的树体容易造成树势衰弱，冬季更容易受到冻害；生长时期树体生长缓慢。见图 10-3。

2. 发病规律

初侵染源主要来自病害落叶，病原菌主要以分生孢子器和菌丝体在病叶或枝梢病组织内越冬。翌年随着气温的回升和降雨，分生孢子借助风雨传播，从自然孔口或伤口侵入叶片、新梢和果实。6月开始发病，8～9 月进入发病盛期。树势衰弱、湿度大或土壤干旱发病重。

图 10-3　褐斑穿孔病

3. 防治方法

（1）农业防治　增施有机肥和配方施肥，确保树体营养平衡，增强树势，提高树体的抗病能力；冬春季要彻底清除枝条和地面的病残叶，集中焚烧，重视夏季修剪，剪除和烧毁重病叶和枯死叶，能有效清除病原的初侵染源和再侵染源，又使果园通风透光、降低湿度，达到减轻病害危害的目的；选择种植红灯、美早、拉宾斯等抗性较强的品种。

（2）药剂防治　发病前可用 50％多菌灵可湿性粉剂 1000 倍液、70％代森锰锌可湿性粉剂 500 倍液或 50％扑海因可湿性粉剂 800 倍液喷施。

（五）褐腐病

1. 发病症状

病菌除危害果实外，还危害花、叶、枝梢。花部受害后，逐渐变褐枯萎，天气潮湿时，花瓣表面丛生灰色霉层，天气干燥时，花萎垂干枯。叶片染病后，呈枯萎棕褐色状，表面着生灰白色粉状物。果梗和新梢受害后，形成长圆形、凹陷、灰褐色的溃疡斑，当扩展一周时，上部枝条枯死。气候潮湿时，病斑有霉层出现。幼果和成熟果均可发病，幼果发病后，表面出现褐色圆形斑点，逐渐扩大至全果，造成腐烂或畸形果，成熟果受害后，果面出现褐色圆形病斑，果肉变褐、软腐。病斑表面附着有同心轮纹状的灰褐色粉状物。

2. 发病规律

病原菌在病僵果病枝溃疡部或病叶中越冬。翌年随着温度的上升，由子囊盘产生的子囊孢子或分生孢子借风雨和气流传播。通过伤口或气孔，侵入花朵和叶片。若环境潮湿时，可在叶片和花朵上形成分生孢子，作为再侵染源而侵染果实和叶片。

3. 防治方法

（1）农业防治　加强肥水管理，增施有机肥、磷肥、钾肥，少施氮肥，合理负载，提高树体抗病能力。适时夏剪、冬剪，确保树体通风透光，剪除树上的病枝、病叶、病果，集中销毁；适时采收果实，采收时尽量避免造成伤口，减少病菌侵染机会，采收后剔除病果、僵果。

（2）药剂防治　萌芽前，喷施3～5波美度石硫合剂。落花后，喷施2～3次65％代森锰锌500倍液、50％多菌灵1000倍液或70％甲基硫菌灵1000倍液。

（六）黑斑病

1. 发病症状

主要危害叶片和果实。叶片上产生圆形灰褐色至茶褐色病斑，扩大后产生轮纹，直径5～10毫米。果实染病后，初为褐色水渍状小点，果面凹陷，后病斑逐渐扩大为黑色病斑，病斑处产生黑色霉层；病僵果悬挂于枝上或脱落于地表。

2. 发病规律

病原菌在病果或芽鳞内越冬，借水滴、雾滴、风雨传播，侵染叶片和果实。

3. 防治方法

（1）农业防治　冬季彻底清除病僵果、病枝，集中烧毁，减少越冬菌源。

（2）药剂防治　花芽萌动前喷施 3～5 波美度石硫合剂或 50% 福美双可湿性粉剂 100 倍液，落花后至新梢生长期喷施 2～3 次喷 50% 多菌灵可湿性粉剂 800 倍液、70% 代森锰锌可湿性粉剂 7000 倍液或 70% 甲基托布津可湿性粉剂 800 倍液，7～10 天喷 1 次，连喷 3 次。

（七）疮痂病

1. 发病症状

主要危害果实，也危害枝条和叶片。果实染病，初生暗褐色圆斑，大小 2～3 毫米，后变黑褐色至黑色，略凹陷，病斑一般不深入果肉，湿度大时病部长出黑霉，病斑常融合，造成果面粗糙。叶片感病生多角形灰褐色病斑，后病部干枯脱落或穿孔。

2. 发生规律

主要以菌丝在病枝上越冬，翌年 4～5 月气温高于 10℃时产生孢子，适宜相对湿度为 80% 以上，病菌直接侵入果实的，经 20～70 天潜育，于 6 月开始发病，7～8 月进入发病盛期。春、夏多雨潮湿易发病，地势低洼、园内潮湿、栽植过密、通风较差易发病。

3. 防治方法

（1）农业防治　修剪时，剪除病枝和叶片，减少菌源，改善园内通风透光条件，降低园内湿度；萌芽前喷 3～5 波美度石硫合剂或 1:1:100 倍波尔多液（硫酸铜：生石灰：水）。

（2）药剂防治　落花后 2 周，喷施 25% 嘧菌酯 1000 倍液、20% 噻森铜悬浮剂 600 倍液，间隔 10～15 天喷施 1 次，连喷 2 次。

（八）病毒病

目前，我国樱桃栽培中常见的病毒有 6 种，分别是李属坏死环斑病毒（PNRSV）、李矮缩病毒（PDV）、李褪绿叶斑病毒（ACLSV）、樱桃锉叶病毒（CRLV）、樱桃绿环斑病毒（CGRMV）、樱桃小果病毒-2（LChV-2）。

1. 发病症状

（1）李属坏死环斑病毒　潜育期较长，一般感染病毒 1～2 年后在叶片上表现出症状。该病分为慢性型症状和急性型症状。急性型症状表现为叶面坏死，仅残留叶脉，并且可使幼树致死。慢性症状表现为叶片上有黄绿色至浅绿色的环纹或带纹，环内出现褐色坏色斑点，后期脱落，形成穿孔。

（2）李褪绿环斑病毒　病毒侵染后，潜伏期较长，春季叶片上形成黄绿色环斑或纹带。急性型症状在感染的当年内出现，慢性型症状呈潜伏侵染，有时只在个别枝梢表现出症状，或在部分新叶背面叶脉角隅处出现深绿色耳突。

（3）樱桃小果病毒　以为害果实为主。病毒侵染后，果实成熟期延后或无法正常发育成熟，病果仅为正常果大小的 $1/3～1/2$，颜色较淡，果实固形物含量降低，口感差。叶缘有轻微卷曲，叶脉间青铜色或紫红色，近主脉处保持正常绿色，新梢基部的叶片开始发病，后逐渐扩展至整株叶片。

2. 发生规律

除依靠种子、花粉传播外，生产中通过染毒的繁殖材料如接穗、砧木进行传播，芽接、枝接等嫁接方式也易传毒。蚜虫、叶蝉、线虫在染毒树体和健康树体间迁移，也成为引起发病的主要原因之一。

3. 防治方法

（1）农业防治　对购买的苗木要严格检疫，建园时最好选用脱毒苗木；合理栽培，不可用带病毒的砧木和接穗嫁接扩繁，避免采集染毒树的花粉进行授粉。

（2）药剂防治　喷施 20％吡虫啉 1000 倍液或 10％高效氯氰菊酯 800 倍液，减少蚜虫、叶蝉为害，降低染毒概率。

二、主要虫害及防治技术

（一）樱桃果蝇

1. 为害症状

果蝇主要为害樱桃果实，雌成虫将卵产于樱桃果皮下，经孵化后，蛆虫先在果实表层取食，而后向果心蛀食，受虫害的果实逐渐软化、变褐、腐烂。幼虫发育成老熟幼虫后咬破果皮脱果，脱果孔约 1 毫米大小。中晚熟品种较早熟品种更易受害。

2. 形态特征

成虫雌蝇体型较大，腹部末端稍尖，腹部背面有明显的 5 条黑色条纹，腹部腹面可见腹节 6 节，前足第 1 跗节无性梳；雄蝇体型略小，腹部末端圆钝，腹部背面有 3 条黑纹，前两条细，后 1 条甚粗且延伸至腹面，第 4、5 腹部背面全黑色，腹部腹面可见腹节 4 节，前足第一跗节端部具黑色性梳。见图 10-4。

卵白色，椭圆形，长 0.5 毫米左右，腹部扁平，背部前端有 2 根触丝。

幼虫乳白色，蛆状，无胸足及腹足，每节有一圈小型钩刺；3 龄幼虫长约 4.5 毫米，头部一端稍尖，口钩黑色，稍后有 1 对半透明唾腺。

蛹梭形，初为淡黄色，3～4 天后变为深褐色，前端有 2 个呼吸孔，后部有尾芽。

3. 生活习性

果蝇一般 1 年约发生 11 代，以蛹在土壤内 1～3 厘米深处、烂

图 10-4　樱桃果蝇

果或果壳内越冬，第 2 年当气温 15℃左右、地温 5℃时成虫开始出现，当气温稳定在 20℃、地温稳定在 15℃左右时，虫量增大，5月下旬成虫开始在甜樱桃果实上产卵，6 月上中旬为产卵危害期，幼虫孵化后在果实内蛀食 5～6 天，老龄后脱果落地化蛹，蛹羽化后继续产卵繁殖下一代，此时出现世代重叠。9 月下旬，随着气温下降，果蝇成虫数量逐渐减少，10 月下旬到 11 月上旬成虫在田间消失，以蛹在越冬场所越冬。

4. 防治方法

由于果蝇的危害多发生在樱桃成熟期间，从品质和安全的角度考虑，还是要按照"预防为主，综合防治"的方法进行防控。

（1）农业防治　及时清除果园内杂草，减少果蝇藏匿场所，清除落果、裂果、病虫果及残次果，送出园外深埋或用 30％敌百虫乳油 500 倍液喷雾处理，避免孵化出的成虫返回果园危害果实。

（2）成虫诱杀　成虫发生期，用 98％诱蝇酮 1.5 毫升＋1.0％敌百虫混合液（敌百虫：糖：醋：酒：清水比例为 1：5：10：10：20）配制成诱饵液，装入 1 升左右的塑料桶内，悬挂于距地面

1.5 米左右的枝干上，每亩 6～8 钵，定期清除钵内成虫，每周添加一次诱饵液。见图 10-5。

图 10-5　成虫诱杀

（3）药剂防治　4 月下旬至 5 月上旬，用 50％辛硫磷乳油 1000 倍液、2.5％功夫乳油 3000～4000 倍液或 10％氯氰菊酯乳油 2000～4000 倍液喷果园及周边地面，降低虫口密度，压低果蝇基数；果实采收后，用 1％甲氨基阿维菌素苯甲酸盐乳油 3000 倍液，或 40％乐斯本乳油 1500 倍液对树体，尤其是树冠内膛喷雾，减少第二年园内果蝇的发生及危害。

（二）梨小食心虫

1. 为害症状

主要为害新梢和果实。幼虫多从新梢顶端叶片的叶柄基部进入髓腔取食，蛀孔外有虫粪排出和胶体流出，受害新梢及叶片逐渐干枯死亡。为害果实时，入孔口较大，造成果实腐烂。见图 10-6。

图 10-6 梨小食心虫

2. 形态特征

成虫体长 5～6 毫米，暗褐色，翅展 10～15 毫米，前翅深灰褐色，前缘有 7～10 组白色斜纹，外缘内有 6～8 条黑色条纹，中室外方有 1 白色斑点，后翅暗褐色，基部色浅。卵半透明，淡黄至粉红色，扁椭圆形，中央隆起，周缘平行。低龄幼虫体白色，头、前胸、背板褐色，老熟幼虫体淡黄色至粉红色，头褐色，背板前胸黄白色，足趾钩单序，环状，腹足趾钩 25～40 个，腹部末端有臀栉 4～7 个。蛹长纺锤形，黄褐色，腹部第 3～7 背面各有 2 行短刺，腹部末端有钩状刺毛 8 根，茧白色纺锤形。

3. 生活习性

梨小食心虫在不同地区发生代数不一致。山东、河南、安徽、江苏等地发生 4～5 代，辽宁、吉林、河北等地发生 3～4 代。老熟幼虫一般在树干、枝条的翘皮缝隙内或落叶、土中结茧越冬。越冬幼虫一般于 4 月上旬化蛹，越冬代成虫一般出现在 4 月中旬至 6 月中旬。第 1、第 2 代幼虫为害新梢，第 3、第 4 代幼虫只少部分为害梢，多数转移到梨或苹果果实上为害。

4. 防治方法

（1）农业防治 越冬前在树干上绑草把，诱集老熟幼虫，翌年春天解除草把烧毁。及时清除病枝、落果，结合果园耕翻施肥，以破坏梨小食心虫幼虫的越冬场所，早春刮老翘皮，减少虫口基数。幼虫刚蛀入新梢尚未转移之前，及时彻底剪除虫梢，烧毁。

（2）诱杀成虫 糖醋液中加入少许敌百虫拌匀，配成诱杀液，装入大碗或小盆内，挂于离地面1.5米的树枝上方诱杀，每隔4～5天补齐；用盆作诱捕器，盆内加入水和少量洗衣粉，将梨小食心虫诱芯悬挂于离水面1.5厘米处，每75～150公顷悬挂一个诱芯，1个月更换一次诱芯为宜。

（3）生物防治 在成虫产卵初期、盛期、高峰期、末期释放赤眼蜂。

（4）药剂防治 4月上中旬，悬挂性信息素在果园内诱杀害虫，降低种群数量，减少落卵量。当性诱捕器上出现雄成虫高峰后，可进行化学防治，喷施2000～3000倍菊酯类农药，每隔10～15天喷施一次。

（三）桃小叶蝉

1. 为害症状

成、若虫刺吸叶片汁液，被害叶初现黄白色斑点后渐扩大成片，严重时全叶苍白早落。

2. 形态特征

成虫体长3.1～3.4毫米。淡黄绿至绿色，复眼灰褐色，无单眼，触角刚毛状，末端黑色。前胸背板、小盾片浅鲜绿色，常具白色斑点。前翅绿色半透明，略呈革质，淡黄白色，周缘具淡绿色细边。后翅透明膜质，不具周缘脉，翅外缘有2个开放的端室。若虫体长2.4～2.7毫米，全体淡墨绿色，复眼紫黑色，翅芽黄绿色，伸至腹部第4节。卵长椭圆形，一端略尖，长0.75～0.78毫米，宽0.17～0.18毫米，乳白色，半透明。

3. 发生规律

1年发生4～6代，以成虫在落叶、杂草或低矮绿色植物中越冬。翌春，樱桃发芽后出蛰，飞到树上刺吸汁液，经取食后交尾产卵，卵多产在新梢或叶片主脉里，卵期 5～20 天，若虫期 10～20 天，完成 1 个世代 40～50 天，世代重叠。6 月虫口数量增加，8～9 月最多且为害重，秋后以末代成虫越冬。成、若虫喜白天活动，在叶背刺吸汁液或栖息。成虫借风力扩散，15～25℃适其生长发育，28℃以上及连阴雨天气虫口密度下降。

4. 防治方法

（1）农业防治　成虫出蛰前清除落叶及杂草，减少越冬虫源。

（2）药剂防治　在若虫孵化盛期（5 月中旬、7 月下旬）及时喷洒 20%叶蝉散（灭扑威）乳油 800 倍液或 25%速灭威可湿性粉剂 600～800 倍液、2.5%敌杀死或功夫乳油 2000 倍液、10%吡虫啉可湿性粉剂 2500 倍液。

（四）樱桃黄刺蛾

1. 为害症状

以幼虫为害植物叶片，低龄幼虫（3 龄以前）多群集在产过卵的叶片背面啃食叶肉，被害叶片剩下叶脉，呈网状，幼虫长大后分散活动，将叶片吃成缺刻，造成叶片残缺，严重时仅残留叶柄，影响树势。

2. 形态特征

成虫体长 12～17 毫米，雄虫体稍小，雌虫体稍小。体黄褐色，头胸及腹前后端背面黄色，复眼球形黑色，触角暗灰色，雄虫为双栉齿状，雌虫丝状；前翅内部黄色，外部灰褐色，前翅顶角向后缘基部 1/3 处和臀角附近各有 1 条棕褐色细线，翅缘有棕褐色细线，翅中部有 2 个褐色斑点，后翅灰黄色，边缘色较深。卵椭圆形略扁平，长约 15 毫米，宽约 0.9 毫米，表面具有线纹，初产为黄白色后变为黑褐色，常 10 多粒排列成不规则的块状。幼虫体长 25 毫米左右，体呈黄绿色，背部有紫黑色哑铃状斑，体侧中部有两条蓝色纵纹，臀板有 2 个黑点，胸足极小，腹足退化呈吸盘状，扁圆形。蛹椭圆形，黄褐色，表面有灰白色不规则的条纹。

3. 生活习性

在北方地区一般一年发生 1 代。以老熟幼虫在 8 月下旬开始在树干和枝杈处结茧过冬。翌年 6 月中上旬，越冬幼虫开始化蛹，蛹期 15 天左右，越冬代成虫在 6 月中旬至 7 月中旬出现，成虫寿命一般在 4～7 天，成虫羽化后不久即产卵，多产于叶背，排列成块状，卵期 7～10 天，一般产卵 50～70 粒，幼虫多在白天孵化，初孵化幼虫有群居性，啃食叶背处叶肉，仅留叶脉和叶柄，稍大后逐渐分散取食，幼虫期为 20～30 天，8 月中下旬幼虫陆续老熟，在枝杈处吐丝缠绕，分泌黏液结茧越冬。

4. 防治方法

（1）农业防治　清除园内杂草，减少害虫越冬产所，人工摘除虫茧或剪除有虫卵的病枝，掩埋焚烧，降低虫口密度，利用黑光灯诱杀成虫。

（2）生物防治　园内可释放刺蛾广肩小蜂、刺蛾紫姬蜂等天敌，进行有效的生物防治。

（3）药剂防治　害虫发生时，喷 50％辛硫磷乳油 1000 倍液，25％高效氯氰菊酯乳油 2000 倍液等。

（五）二斑叶螨

1. 为害症状

主要为害叶片，初期在叶脉附近出现失绿斑点，随着虫口密度增大，叶片大面积失绿，叶片上结一层丝网，发病严重时，叶片脱落，树势衰弱。

2. 形态特征

成螨体色一般为红色或深红色。体背具 6 横排共 26 根刚毛，两侧各具 1 块暗红色长斑，足 4 对。雌成螨体长 0.42～0.59 毫米，椭圆形，生长季节为白色至黄白色，体背两侧各具 1 块黑色长斑，取食后呈浓绿至褐绿色；雄体长 0.26 毫米，近卵圆形，前端近圆形，腹末较尖，多呈绿色；卵球形，长 0.13 毫米，光滑，初无色透明，渐变橙红色，孵化时出现红色眼点。幼螨乳白色，取食后变暗绿色，眼红色，足 3 对；若螨黄绿色至黄褐色，与成虫相似。

3. 生活习性

二斑叶螨一般在北方发生 12～15 代。雌成虫一般在枯枝落叶、土缝、杂草等处吐丝结网越冬。当气温达到 5～6℃时，越冬雌虫开始活动，3 月均温达 6～7℃时开始产卵，卵期 10 天左右。随气温升高繁殖加快，孵化速度加快，在 30℃以上时完成 1 代仅需 6～7 天。6 月中旬～7 月中旬为害较为严重。雨季后虫口密度迅速下降，为害基本结束，如后期仍干旱则发生严重，9 月随着气温逐渐下降，陆续向杂草转移，10 月开始越冬。两性生殖，不交配可产卵，未受精的卵孵出为雄虫。雌虫产卵 50～110 粒，多集中于叶背主脉附近。

4. 防治方法

（1）农业防治　及时清理园内杂草、枯枝落叶，集中深埋或烧毁，减少二斑叶斑的越冬场所，剪除树根萌蘗，刮除树干老皮、翘皮。

（2）生物防治　草蛉、小花蝽、蓟马为二斑叶螨天敌，可选用低毒农药，减少对天敌的伤害，以增加天敌数量。

（3）药剂防治　早春时喷洒 3～5 波美度石硫合剂，落花后喷施螨死净 1500 倍液，生长季节喷施 2%阿维菌素 2000 倍液＋15%哒螨灵 2000 倍液，每 10～15 天喷施 1 次，连续喷施 2 次。

（六）山楂叶螨

1. 为害症状

为害叶片，吸食汁液，受害部位水分缺失，叶背近叶柄处的主脉两侧，出现黄白色或灰白色失绿小斑点，其上易结丝网，发病严重时，叶片出现大面积枯斑，全叶灰褐色，枯萎脱落。

2. 形态特征

成虫雌成螨分为冬季型和夏季型两种，夏季型成虫体长 0.5～0.7 毫米，椭圆形，初为红色，后变暗红色，背部隆起，有皱纹；冬季型成虫体长 0.3～0.4 毫米，枣核形，皮色鲜红；两种类型的雌成虫背部均有 6 排 26 根刚毛，刚毛基部无瘤状突起。

雄成虫体长约 0.4 毫米，初蜕皮为浅黄绿色，逐渐变为绿色及橙黄色，背部两侧有黑绿色斑纹，腹部末端尖削。

卵圆球形，橙黄色，渐变为橙红色，表面光滑，有光泽。

幼螨 3 对足，体圆形，黄白色。

若螨近圆形，4 对足，黄绿色。

3. 发生规律

1 年发生 5～10 代，有世代重叠发生。受精的雌成螨在土缝、枯草、树皮裂缝处、落叶下越冬。翌年，随气温升高，4 月中下旬开始上树，在内膛的芽上取食，越冬雌成螨在取食 1 周后开始产卵，第一代螨发生较为整齐，以后有世代重叠现象。6 月份开始在叶片活动，吸食叶片的水分，导致叶面出现白色失绿斑点。6 月下旬繁殖速度快，为全年大发生期。雨季时，虫口数量下降，若降雨偏少，种群数量增多。

4. 防治方法

（1）农业防治　果树主干分枝处绑缚杂草，诱集越冬叶螨成虫，解下烧掉；落叶后彻底清园，减少成虫越冬基数，减少来年虫害发生；果园生草，为天敌提供栖息场所，增加天敌的种类、数量，降低叶螨密度。

（2）药剂防治　花芽萌动前，枝干喷施 3～5 波美度石硫合剂或机油乳剂 50 倍液；谢花后，喷施 16％螨全治可湿性粉剂 1500

倍液、24％螨危悬浮剂 4000 倍液等药剂；成螨发生期，叶面喷洒 1.8％阿维菌素 4000 倍液或 1％灭虫灵乳油 8000 倍液。

（七）桑白蚧

1. 为害症状

雌成虫和若虫聚集在主干和侧枝上，以针状口针刺吸汁液为害。2～3 年生主干和侧枝为害较重，严重时整个枝干被白色介壳或白色絮状蛹壳包被，呈灰白色。受害枝条皮层干缩松动，枝条发育不良，造成整枝枯死，树势衰弱。见图 10-7。

2. 形态特征

雌成虫橙黄或橘红色，体长 1～1.3 毫米，宽卵圆形，介壳近圆形，长 2～2.5 毫米，背部隆起，壳点黄褐色，偏于一方。雄成

图 10-7　桑白蚧

虫体长 0.65～0.7 毫米，翅展 1.3 毫米左右，橙色或橘红色，体略呈纺锤形，腹部末端有性刺 1 根。介壳长 1～1.5 毫米，细长灰白色，3 根隆脊位于背部，壳点橙黄色，位于壳前端。

卵椭圆形，初产淡粉红色，后变为淡黄褐色，孵化前为橘红色。

若虫初孵化若虫淡黄色，有触角和足，体长约 0.3 毫米。二龄若虫时，足消失，分化为雌虫和雄虫。

3. 发生规律

桑盾蚧 1 年发生数代，因地域不同存在差距。北方地区一般发生 2 代，以受精雌成虫在枝干上越冬。翌年春天芽萌动时，越冬雌虫开始吸食树叶，虫体迅速膨大，4 月中下旬开始产卵，4 月底至5 月初为产卵盛期，卵期 10 天左右，一般雌虫可产卵 40～200 粒。5 月上旬至中旬为孵化盛期，第一代若虫从母壳中爬出，在母壳附近的枝干上吸取汁液，固定后虫体分泌白色蜡粉，形成介壳。第一代雌成虫和雄成虫交配后，7 月中旬第一代雌成虫产卵，7 月下旬至 8 月上旬为第二代卵孵化盛期。9 月下旬，受精雌成虫在被害枝条上越冬。

4. 防治方法

(1) 农业防治　结合冬剪，剪除被害虫枝，将枝条带出果园，深埋或烧毁。

(2) 生物防治　桑盾蚧的主要天敌有桑蚧寡节小蜂、褐黄蚜小蜂、红点唇瓢虫、二星瓢虫、日本方头甲等，可采取果园生草，增加天敌的寄生场所，避免使用广谱性杀虫剂，减少对天敌的伤害。

(3) 药剂防治　5 月中旬第一代卵孵化盛期和 8 月上旬第二代卵孵化盛期是药剂防治的关键时期，可选用 40%速扑杀乳油 1500～2000 倍液、5%蚧杀地珠乳油 1000 倍液或 4%阿维菌素乳油 2000倍液，每 7～10 天一次，连喷 2 次。

（八）红颈天牛

1. 为害症状

幼虫蛀食树干和大枝的韧皮部造成锈褐色，随虫龄增长后期蛀食木质部，深者可达髓心部位。造成皮层脱落、树势衰弱、寿命缩短，严重时造成树体死亡。

2. 形态特征

雄成虫体长 26 毫米，宽 8 毫米，雌成虫平均体长 36 毫米，宽 12 毫米。体漆黑色，有光泽；头部腹面有许多横皱，头顶部两眼间有浅凹；触角蓝紫色，触角基部两侧各有一叶状突起；前胸有两种色型：一种是前胸背面棕红色，前后端呈黑色，并收缩下陷密布横皱，两侧各有一个大型刺突，背面有 4 个瘤突；另一种是完全黑色，足蓝紫色，翅鞘表面光滑，基部较前胸为宽，后端较狭。雌雄较易区别，雄虫体较小，前胸腹面密被刻点，触角超过体长 5 节；雌虫前胸腹而有许多横纹，触角超过体长 2 节。

卵淡绿色，有的乳白色，长 2～3 毫米，长椭圆形，形似芝麻粒，后端尖。

幼虫乳白色，近老熟时呈糙米色，老熟幼虫体长 36～43 毫米，前胸较宽广。身体前半部各节略呈扁长方形，后半部稍呈圆筒形，体两侧密生黄棕色细毛。前胸背板前半部横列 4 个黄褐色斑块，背面的两个各呈横长方形，前缘中央有凹缺，后半部背面淡色，有纵皱纹；位于两侧的黄褐色斑块略呈三角形。胴部各节的背面和腹面都稍微隆起，并有横皱纹。

蛹淡黄白色，长 38 毫米，前胸两侧和前缘中央各有一突起，背板上有两排孔。

3. 发生规律

幼虫在蛀干的蛀道内越冬。成虫出现在 6 月上旬至 7 月中旬。产卵期在 6 月中旬至 7 月下旬。幼虫从 7 月上旬开始孵化，随即进入皮层和木质部危害表面，11月停止蛀食进入越冬状态，至翌年2月，翌年5月开始化蛹。

4. 防治方法

（1）农业防治　封闭羽化孔，于7月初前用水泥或其他密封物封闭羽化孔，将成虫全部闷死在洞内，防治效果达到100%；在成虫发生期，人工捉拿成虫，或者利用成虫的假死性人工震树，然后收集震落在地上的昆虫。

（2）生物防治　柄腹茧蜂、肿腿蜂、红头茧蜂、白腹茧蜂等是红颈天牛的天敌，结合地面生草，增加天敌的藏匿地。

树干涂白防成虫产卵。生石灰、聚乙烯醇、辛硫磷、食盐和水制成涂白剂，于成虫出现前涂在树干及主枝基部，防治成虫产卵。

三、综合防治历

1. 休眠期（11月下旬至翌年3月上旬）

在树干和主枝上刷涂白剂（1份硫酸铜、3份生石灰、25份水、1份豆面），既可杀灭越冬病虫，又能预防牲畜、鼠类、野兔啃食树干，还可以减少冬春昼夜温差，增强树体抗冻能力。

及时清除果园内枯枝、落叶、僵果、落果、杂草等，并集中烧毁，可大大减少褐斑病、轮纹病、白粉病、叶螨、刺蛾、金纹细蛾等病虫害的越冬基数；剪除病枝、虫枝、虫果以及尚未脱落的僵果，集中烧毁。

许多害虫在寒冷季节有钻入地下冬眠的特性，入土深度大多在树盘内10～15厘米（表层土），所以，冬前、早春结合施肥，深翻树盘30～40厘米，将土壤中越冬的病虫暴露于地面冻死或被鸟禽啄食，可有效杀灭梨小食心虫等。

春季萌芽前，解除枝干上捆绑的诱虫带或草把，焚烧或深埋。

2. 芽萌动期（3月中旬至3月下旬）

树体喷 1 遍 3～5 波美度石硫合剂或 95％机油乳剂 50 倍＋40％杜邦福星 8000 倍液。消灭越冬的腐烂病、红蜘蛛、蚜虫、介壳虫等病虫害。

3. 萌芽期至开花期（4 月上旬至 4 月中旬）

喷施 20％啶虫脒乳油 3000 倍液、10％吡虫啉可湿性粉剂 1500 倍液、5％高效氯氰菊酯乳油 1500 倍液，防治绿盲蝽、叶蝉、卷叶虫等。

用塑料膜覆盖树盘，可有效阻止食心虫、金龟甲和部分鳞翅目害虫出土，致其死亡，并且有利于保温保湿。

4. 开花期至幼果期（4 月上旬至 5 月上旬）

花后 1 周左右，喷洒 1 遍代森锰锌可湿性粉剂 800 倍液＋0.5％阿维菌素 3000 倍液＋高效氯氰菊酯 800 倍液＋硼钙宝 1200 倍液防治穿孔病、褐斑病、褐腐病、炭疽病、红蜘蛛、梨小食心虫、叶蝉、介壳虫等。混配 72％农用链霉素 3000 倍液，防治细菌性穿孔病。

5. 果实膨大期至成熟期（5 月中旬至 6 月中旬）

主要防治果蝇危害。果实着色前，全园悬挂糖醋液罐和粘虫板诱杀果蝇成虫；地面喷乐斯本 450 倍液或 50％辛硫磷 500 倍液，浅锄；每 7 天树上喷施苦参碱（1.3％苦参碱）水剂 1500 倍液，连续喷 2 次；及时采果，防止果实过熟引诱果蝇。

6. 果实采收后（7～9 月份）

喷洒杀菌剂＋杀虫剂，防治落叶病、叶螨等。

第十一章 采后处理技术

甜樱桃采后处理包括适期采收、预冷、分级、包装、贮藏保鲜、冷链物流和货架处理等。甜樱桃的适期采收及采后处理技术的优劣，直接影响到采后甜樱桃的贮运损耗、品质和货架期。目前，我国的甜樱桃采后处理环节还未引起足够重视，果农采收甜樱桃后，经过简单人工分拣和冷藏后直接到市场销售，每年由于采收成熟度、田间采收容器、采收方法不恰当而引起的甜樱桃机械伤损失达20%～30%，在采收后的贮运到包装处理等采后处理技术过程中也缺乏对产品的有效保护。因此提高甜樱桃采后处理的重视程度和技术水平是当前的重要任务。

一、适期采收技术

甜樱桃为非呼吸跃变型果实，采收时不含淀粉，必须充分成熟时采收才能获得最佳风味。甜樱桃的颜色可以反映果实的成熟度，生产上一般根据相应品种的果实颜色，判定成熟度和确定采收日期。甜樱桃的风味品质与果实的可溶性固形物呈极显著相关，因此采收时要达到一定的可溶性固形物，才能具备甜樱桃应有的口感品质。美国加州的甜樱桃标准规定：最低成熟度的甜樱桃，依据品种不同，可溶性固形物最低要达到14%～16%。

采收过早则果实小、颜色淡、风味差，采收过晚则果实软化，易腐烂，易失水皱缩，果柄变褐，果面出现由碰压伤等机械伤害导致的凹陷症状，因此要适时采收。

1. 采收时间

成熟度是确定甜樱桃果实采收期的直接依据。根据不同的采后需求，甜樱桃要在其适宜的成熟度时采收，采收过早或过晚均对果品品质、耐贮性和货架期带来不利的影响。研究发现在甜樱桃发育的最后 2 周，即果实从开始成熟到充分成熟，果实重量增加了30％。在此期间，果实风味品质变化很大，如可溶性固形物的提高等。

甜樱桃的成熟度主要根据果面色泽、果实风味和可溶性固形物含量来确定。甜樱桃果实的颜色一般分为浅色和深色两类，黄色或黄底红色品种属于浅色类，红色至紫红或紫黑色属于深色类。浅色品种，当底色褪绿变黄、阳面开始有红晕时，即开始进入成熟期。深色品种，当果面已全面着红色，即表明已开始进入成熟期，当颜色转为深红色时达到成熟。多数品种，鲜果采摘时可溶性固形物含量应达到或超过 15％。在采收时应该分期分批进行，最好在一天当中最冷凉的时间进行，一般安排在晴天的上午 9：00 以前或者下午 16：00 以后等气温较低、无露水的时段。一般就地鲜食销售的果品，可以适当地晚采；用作贮藏和远距离运输的果品，可以适当地早一些采收。同一株树上的果实，其硬度随着一天当中气温的升高而降低。与一天当中较早时间采收的果实相比，同一株树上晚采的果实在整个贮藏和销售期间硬度一直都会比较低。

我国的甜樱桃主产区目前均没有可操作的采收标准，并且普遍存在早采现象。只要有收购商上门，即使还未充分成熟也会采收，完全不考虑该品种的应有风味是否出现。长此以往，我国生产的甜樱桃在色泽、大小以及风味上与国外同品种的甜樱桃将产生巨大差距。如国产甜樱桃的大小一般在 7～10 克，颜色为红色；而进口的南美车厘子平均单果重一般 10～12 克，颜色紫红色，其实品种都是一样的，只是采收期错误造成的。

2. 甜樱桃采收方法

甜樱桃在采收时最关键也是最重要的一点就是"无伤采收"。无伤采收顾名思义就是在采收时，尽可能将甜樱桃果实的损伤减少到最低程度或者无伤。由于甜樱桃果个小、皮薄、硬度相对较小，在采摘过程中很容易造成伤害。采摘时必须手工采摘，应用手捏住果柄轻轻往上掰动，而不要向下撸拽。注意应连同果柄采摘，这样做可以保持果柄的完整和色泽。

采收后对甜樱桃果实进行初选，剔除病烂果、裂果和碰伤果。采摘后的甜樱桃果实不能放置在太阳下直射并应尽快预冷，在田间地头堆码时间过长或长时间在阳光下曝晒的甜樱桃不能长期保鲜贮藏。因为日晒会导致甜樱桃果实变软、果实硬度下降、果实梗部褐变并且迅速失水萎蔫。研究调查显示：在日光下，周转箱里的果实温度会在 2 小时内迅速升高到 35℃左右，在阴凉处果实温度则只有 20℃，与果园的气温接近。在田间和运输途中，为避免日晒一般使用湿的棉布、透湿塑料膜或反光材料等进行覆盖，以降低果实温度，减轻果柄褐变和碰压伤导致的果面凹陷症状，并有助于保持果实周围的环境湿度，减少失水。

果面凹陷症状是果实表皮下的组织受损造成的表面凹陷，其主要原因是采收损伤及采后处理粗放和不当所造成的碰压伤等机械损伤。碰压伤一般发生在采收、运输和包装过程中。碰压伤等机械损伤在采收及采后短时间内往往不易被发现，所导致的表面凹陷症状一般要经过一段时间后才能表现出来，通常是在包装之后到达销售市场时才被发现。

采收后放置的最好方法是随采随即进行预冷入库，这样有利于甜樱桃贮藏质量的提高和贮藏时间的延长。

二、预冷技术

预冷就是利用物理的方法使新采摘的甜樱桃在运输、贮藏或加工之前迅速除去田间热，果实降温达到目标温度的措施。与一般意义的冷却降温不同，对预冷的要求是降温速度越快越好，通常希望在采摘的 24 小时之内达到目标温度，目标温度一般应达到或接近甜樱桃的贮藏适温。

1. 预冷的重要性

甜樱桃即使在收获后也有呼吸作用，为了保持甜樱桃的鲜度，控制这种呼吸作用，在收获后尽可能快速降低其温度很重要。预冷可以有效抑制甜樱桃的呼吸作用，减少水分蒸发，降低营养成分消耗，减少乙烯释放量，抑制微生物繁殖，最大限度地保持其硬度和鲜度等品质指标，延长贮藏期和货架期，同时减少贮藏时所需的能耗。采收季节的田间温度一般在 20～25℃，如果不经过预冷处理直接上市销售则货架期只能维持 5～7 天，将直接影响甜樱桃的销售市场范围和价格。实践证明，快速降低采后甜樱桃产品温度是减少腐坏和延长货架期最重要和最有效的途径，实施产地预冷是及时降低产品温度的最佳措施。

2. 主要的预冷方式

目前生产上常用的预冷方式主要有冷库空气预冷和水预冷 2 种方式。

（1）冷库空气预冷　冷库空气预冷是将田间采收的甜樱桃尽快运至已彻底消毒、库温为 −1℃ 的预冷间内，按品种、批次、等级分别摆放。果箱堆码成单排或双排，箱与箱之间要留有空隙。为使果实快速降温，每次入库量最多不要超过总库容量的 20%。控制温度最低设定在 −2℃（温度上限 0℃，下限 −2℃），预冷标准为甜樱桃品温在（0±0.5）℃，一般 1～2 天即能达到预冷目的。有多个冷间时，可以用某一间作为预冷间，只有一个冷间，可以划出预冷区位，小型冷间的预冷即冷藏的开始。预冷时要在包装箱内整体预冷，切忌倒出预冷，避免增加果实的碰压伤。如果采用聚苯泡沫箱，可采用箱体打孔，揭开上盖等措施，加速冷空气的对流。预冷品温达到要求温度后，即可装袋。装袋整理要求在冷间内完成，并进一步剔除不适宜贮藏的病果、伤果、过熟果、无果柄和畸形果。存放甜樱桃要用保鲜袋（以 0.05 毫米厚的 PVC 专用保鲜袋为好），容量 1～2 千克，装袋后扎紧袋口放入周转箱，要按类别分开码垛。

气调库的甜樱桃预冷：如果有多间冷库，可辟出一间作为预冷库，待甜樱桃品温达到要求时，把挑出适于气调贮藏的甜樱桃果移入气调库内，加保湿膜覆果，密封库门，调节适宜的气体成分即可。注意入贮气调库的果实要比入贮恒温库的果实挑选更严格，这是由于气调库一经调气，不宜经常出入，以免破坏气体环境，有些果实腐烂不能及时检查发现。入贮果的好坏是气调贮存时间长短的关键因素之一。

如果没有预冷的条件，可直接放入（0±1）℃的恒温冷库中，分期分批入库，每次入库量为总库容的 10%。甜樱桃入库后工作人员穿上棉衣在冷库内对甜樱桃进行分级，挑选出病虫果、烂果等按照果个均匀一致的原则将甜樱桃进行分类。将需要贮藏的甜樱桃装袋（0.03～0.05 毫米厚的 PVC 专用保鲜袋）包装，每袋重量 1 千克左右，装好后放入塑料周转箱内分类码垛或者依次摆放在架子上。库温稳定在 -1～1℃。应特别注意长期贮藏保鲜的甜樱桃千万不要放在纸质包装盒内，在出库前可将保鲜袋换为纸质包装箱或盒包装出售。

（2）水预冷　水预冷方式是将采收的果实放在 4℃ 左右的冷水中，使果心温度在极短时间内迅速降到 4～6℃。目前在国外生产实践中，要求甜樱桃采收后必须在 3～4 小时之内运往包装厂地，经测定糖、硬度等指标后，迅速进行水冷降温和表面清洗消毒等处理。水预冷装置包括制冷系统、水循环系统及果箱承载系统 3 部分。制冷系统主要是维持循环水在 4℃ 左右的冷水恒定，水冷时要在冷却水中添加含氯消毒剂（如二氧化氯），冷却水中氯的浓度要达到（20~25）×10^{-6}，以减少腐烂风险。水预冷时测定的温度是专用温度计测定果心温度，一般情况下，要求采后4小时内将甜樱桃果实冷却至5℃以下。水冷较风冷货架期更长，水冷的作用一方面是降温快，更平稳；另一方面，果实经水洗消毒，减缓了衰败的进程进而保持了质量。

三、分级包装技术

1. 分级

甜樱桃果实分级的目的在于提高商品价值。不同消费市场对甜樱桃的分级要求不同。国外大的销售市场对果个分级有严格要求，不同级别之间售价差异明显，体现优级优价。批量大的甜樱桃可以采用机械分选，甜樱桃自动分级设备在国外已普遍采用，其基本原理是根据果实的纵横径大小进行自动分级。通过分选工序最高质量级别的甜樱桃留在传输带上。分选工序把未熟果、过熟果、无柄果、畸形果和腐烂果挑出。对果实硬度和缺陷先进行电子分拣，可减少手工分选的数量，但电子分选目前尚不能替代手工分选。

目前，国内甜樱桃果实多为人工分级。首先要将病果、僵果、畸形果、过熟果、霉烂果以及杂质一块去除，按照商品需求进行分级包装，表11-1为部分品种甜樱桃果实的重量等级划分标准（GBT 26906—2011）。

2. 包装

采用精美的包装是提高甜樱桃商品性的重要手段，还能使果品保鲜，减少贮运和销售中的损耗。商品化销售的甜樱桃包装主要有箱内散装、不定量袋装、定量袋装和定量盒装。国外有调查显示：56%消费者选择袋装，40%的消费者选择定量盒包装，只有4%消费者希望购买散放甜樱桃产品。袋装产品比盒装的产品的成本要低，

表 11-1　部分甜樱桃栽培品种的果实单果重等级划分

单位：克

品　种	一级	二级	三级
红灯	＞10.4	10.4～7.9	7.9～4.8
红蜜	＞6.6	6.6～5.1	5.1～3.0
萨米托（Summit）	＞11.2	11.2～8.8	8.8～6.9
佐藤锦（Sato Nishiki）	＞8.2	8.2～6.0	6.0～4.9
先锋（Van）	＞7.8	7.8～6.2	6.2～4.5
拉宾斯（Lapins）	＞7.6	7.6～6.5	6.5～5.3
雷尼（Rainier）	＞8.1	8.1～6.2	6.2～5.3
美早（Tieton）	＞9.7	9.7～8.2	8.2～6.5
红艳	＞7.8	7.8～6.1	6.1～5.1
8-102	＞7.6	7.6～5.9	5.9～4.8

　　一般选择透明的聚乙烯（PE）包装袋，每袋 0.5～1.0 千克，产品质量明显可见。盒装主要分为托盘和纸盒包装两类。托盘以 0.5 千克为主，果实上面附有保鲜膜覆盖，该包装更适合于冰箱存放。纸箱包装类型各异，以 1.0～5.0 千克不等，根据不同的需求，选择不同的容量，纸箱内衬保鲜袋并装有保鲜剂能更好地保护果品的质量和品质。

　　国内以往的包装多用柳条筐、木箱等，近年来多用聚苯乙烯泡沫塑料盒（EPS），其具有相对密度小、耐冲击和价格低廉等特点，但透气性较差，对甜樱桃的保鲜效果不如聚乙烯保鲜膜显著。目前设施栽培的甜樱桃多采用小包装，这些小包装材料用无毒透明的塑料或纸＋塑料制成盒或盘，如山东省果树所设计使用的 0.5 千克装的透明 PET 塑料盒（长×宽×高＝18 厘米×14 厘米×7.5 厘米）具有一目了然和携带方便的特点。长途运输时，塑料盒再装入瓦楞纸箱中运输。

四、贮藏保鲜

1. 贮藏保鲜的条件

甜樱桃适宜的贮藏温度为 $(0\pm1)℃$。适宜的低温贮藏可以有效地抑制其呼吸，延缓衰老，抑制病菌的生长。甜樱桃在采收后由于存在田间热，必须及时预冷，迅速散去田间热。当甜樱桃果实品温降至 $(0\pm0.5)℃$ 时即为已冷透，将预冷后的甜樱桃果实放入库温为 $-1\sim1℃$ 的冷库中。冷库理想的温度保持在 $(0\pm0.5)℃$，一般条件下，冷库气温波动幅度不大于 $2℃$，甜樱桃品温波动幅度不大于 $1℃$ 较理想。

甜樱桃在贮藏期间防止失水萎蔫的一个重要措施就是保持甜樱桃果实的水分，如果库内的湿度过低，甜樱桃果柄极易枯萎变黑，表面皱皮和变褐引起腐烂。甜樱桃果实适宜的贮藏湿度为 $85\%\sim90\%$。保持甜樱桃果实本身水分不散失最简单有效而且经济的方法就是采用保鲜袋包装，使袋内甜樱桃果实水分始终处于饱和状态。

如果采用气调库贮藏保鲜甜樱桃，库内的气体含量更是重中之重，一般库内气体指标为氧气 $3\%\sim5\%$，二氧化碳 $8\%\sim15\%$。如果二氧化碳浓度过高（超过 18%）则很大程度上会引起甜樱桃果实褐变和产生异味。适宜的高二氧化碳和低氧环境可以有效抑制其呼吸，使甜樱桃果实本身的生命活动受到一定的抑制，使其处于一种休眠状态，保持甜樱桃果实本身的鲜活品质和营养。不同品种其对气体成分的要求有所不同，新品种贮藏要事先做好试验，才能确定适宜的气体成分。

2. 贮藏保鲜的主要方法

甜樱桃贮藏保鲜的方法有冷藏法、冷库气调小包装贮藏法、气调库贮藏法和减压气调贮藏法等，甜樱桃贮藏不适用于大型的氨制冷的冷库，最适宜也是效果最好的是 $10\sim50$ 吨的小型恒温冷库，自动化程度高、降温速度快、贮藏保鲜质量好、耗能少、操作起来简单，投资风险小，回报率高，经济效益可观。

生产上常用的主要是冷库气调小包装贮藏法。气调库贮藏甜樱桃时，将整库入满后才能调节氧气和二氧化碳的比例（氧气3%～5%，二氧化碳8%～15%），调节好气体的比例后，在整个贮藏期不能随便打开库门，因为甜樱桃对气体很敏感，如果气体成分比例稍有失衡，则会引起甜樱桃腐烂率增加，影响贮藏保鲜期。恒温冷库就相对比较简单。采用气调库贮藏甜樱桃时，应特别注意选用小型的气调保鲜库，贮藏一些品质较好的精品甜樱桃进行贮藏保鲜，同时注意二氧化碳浓度不能高于15%，以免引起二氧化碳中毒和产生异味。

减压气调库贮藏甜樱桃果实就是将挑选、分级、整理、装袋后的甜樱桃果实放入减压气调库内，调节好氮气、氧气、二氧化碳的比例，使库内气体处于一种负压状态。保持甜樱桃果实的鲜活品质。此方法操作比较麻烦，而且减压气调保鲜技术仍处于试验阶段，所以一般不是很常用。

不论采用哪种贮藏方法，都要注意经常观察温度仪表工作情况，避免因电力不正常或停电造成的库温升高。一旦停电或电压超出正常范围设备自动保护停机，要及时发现，及时采取相应措施解决。

五、甜樱桃简易加工技术

甜樱桃成熟期早、不耐贮运，保鲜期仅有1个月，若不及时处理，采后易腐烂变质，失去商品价值。为延长销售期，提高商品价值，可将其加工为果酒、罐头、果酱和果脯等多种产品。

（一）樱桃酒

甜樱桃种植业者在生产的过程中，由于种种原因会产生很多残次果品，此种原料可以用来生产甜樱桃制配酒，质量上乘的甜樱桃果实经过破碎取汁、发酵后，可制得甜樱桃果酒；用生产果汁、果脯的下脚料，经酵母发酵后，再与酒脚料混合蒸馏，可制得甜樱桃白兰地酒。

1. "农家乐"樱桃酒

在甜樱桃生产、采收、销售的过程中产生的残次果可以用来自制"农家乐酒"，其生产工艺简单，味道纯正，不加任何添加剂和防腐剂，自制自饮，变废为宝。

为了使甜樱桃酒的颜色美观，可将不同成熟度和不同颜色的果品分别处理。

（1）果实为不完整的残次品 可将果实的腐烂部分去除，除掉果梗、核并清洗干净后用市售的 ClO_2（不同厂家生产的产品使用剂量不同）按产品的说明进行预处理，然后用清水冲洗两遍，再把水沥干。用打浆机打浆，5 千克樱桃浆加入 1 千克白糖，搅拌均匀，等白糖完全融化以后装在洗干净（控干水分）的玻璃瓶子里。注意：瓶子不要装得太满，要留出 1/3 的空间，因为甜樱桃在发酵的过程中会产生大量的气体，如果装得太满，甜樱桃酒会溢出来。另外，为了不让外面的空气进去，在瓶盖上最好用塑料袋缠紧。置于 25℃ 左右的房间里静置 25～30 天，然后用滤网将果渣去除，（在此操作过程中要严格消毒，不要把细菌带到酒里面去）上清液装入另外准备好的玻璃瓶中，即为短期贮存的"农家乐酒"。此种方法制作的酒不可久贮。

（2）果实为完整的果品 除去果梗清洗干净后用市售的 ClO_2 按产品的说明进行预处理，然后用清水冲洗两遍，再把水沥干。将市场销售白酒装入大口玻璃瓶中，将甜樱桃装入其中浸泡，以酒没过甜樱桃为好。甜樱桃的量可根据自己的喜好和瓶子的容量而定。一般 20 天左右即可饮用，也可长期避光保存。

2. 甜樱桃露酒

（1）工艺配方（100升）　甜樱桃原汁20千克，酒精（86°）18千克，砂糖15千克，甘油0.2千克，柠檬酸0.3千克，过滤水加至100升。

（2）工艺流程　甜樱桃原汁→调配兑酒→澄清→调配→过滤、装瓶。

① 甜樱桃原汁兑酒：将樱桃原汁、水、酒精按2∶4∶1的比例混合均匀，浸泡7天。

② 澄清：樱桃汁中果胶含量较高，使混合液浑浊不清，容易产生沉淀，可加入樱桃汁用量的0.05%的果胶酶，搅拌均匀，静置6小时，进行澄清处理。

③ 调配：将上清液用钠型强酸性离子交换树脂柱，除去涩味，突出甜樱桃香味。调整糖度至12°，酒度至16°，若酒度提高，还应相应提高糖度；也可根据区域性消费者的生活习惯，配制出多种类型的甜樱桃露酒。

④ 过滤装瓶：将调整好的酒液密封贮藏3个月以上，过滤，装瓶即成成品。

（3）质量要求　透明，味甜微酸，具有甜樱桃的典型风味。酒度16°；糖度12°；总酸0.6°。

（4）注意事项　所选酒精只能使用符合国家标准的食用酒精，决不允许使用工业酒精或其他不合格的酒精代替，食用酒精主要是粮食和糖厂的糖蜜发酵蒸馏而得的，其质量标准为：无色透明，醇厚柔和，无明显苦辣味及异味；食用酒精在总制前需脱臭处理，可采用活性炭吸附脱臭。

3. 甜樱桃果酒的生产工艺

（1）工艺流程　原料选择→分解果胶→过滤→主发酵→调酒度→陈酿→换桶→调配→装瓶→消毒→成品。

① 原料选择：剔除病虫果、腐烂果，除去果梗、果核，加入20%～30%的水，在70℃下加热20分钟，趁热榨汁。

② 分解果胶：有果胶则果汁黏稠，不易过滤，需加入0.3%的果胶酶将其分解。果汁中加入果胶酶后，充分混合，在45℃下澄清5～6小时。

③ 过滤：先用虹吸法吸取上部的澄清汁，沉淀部分用布袋过滤。

④ 主发酵：果汁中先加入0.007%～0.008%的二氧化硫进行消毒，杀死或抑制不需要的微生物。再加入砂糖调整糖度至15°以上，按果汁量的5%～10%添加酒母（人工酵母培养液），此阶段为酵母活性期，果汁中绝大部分的糖要在此时发酵消耗，至糖度降为7°，再加糖发酵直到酒度达到13°时为止。

发酵时间的长短取决于温度、糖分和酵母。酵母发酵最适温度为22～23℃；糖分低、酵母量足时，在适温下一般4～5天就可完成发酵。通常情况下主发酵需7～10天。

⑤ 调酒度：主发酵后的酒度以调整至18°～20°为宜，酒度低易受病菌侵染，过高则影响陈酿。

⑥ 陈酿：将果酒装入橡木桶中，在12～15℃温度下贮存。

⑦ 换桶：陈酿期间，桶底部分产生沉淀，新酒与沉淀物长期接触，会影响酒的风味，所以要经常换桶。陈酿初期每周换一次，换过2次后可3～6个月换一次桶，每次均弃除沉淀。换桶时酒必须注满桶，同一桶中必须是同期、同类的新酒。果酒一般2年开始成熟，时间越长，香味越浓。

⑧ 调配：加蔗糖12%，饴糖3%，蜂蜜2%，甘油0.2%，用适量酒精补充陈酿中损失。

⑨ 消毒：果酒装瓶后，置入冷水中，逐步升高水温至70℃，保持20分钟，然后分段冷却至常温。

（2）质量要求　酒液透明、金黄、无沉淀，具备发酵酒特有的芳香和甜樱桃果实的香味。

（3）注意事项　进行主发酵时，酵母菌适应的糖浓度为20%，所以砂糖要分两次加入，第一次加60%，第二次加40%。由于甜樱桃中含氧化物质低，要保证酵母菌正常发酵所需的营养，可加入0.05%～0.1%的硫酸铵。在主发酵时，若测量其酒度及含糖量不变化，说明尚未发酵，需调整温度，补加酵母液，以促使发酵。陈酿所用的橡木桶必须刷洗干净，桶口用石灰液或酒精消毒。

（二）樱桃罐头

（1）工艺流程　选料→分级→清洗→硬化→预煮→冷却→染色→漂洗→固色→清洗→装罐→加糖水→封口→杀菌→保温检查→成品。

① 选料：选择成熟度为八至九成，色泽为黄色的果实，如那翁、雷尼等，剔出带病虫害、机械损伤的不合格果。在分级前摘除掉果柄。

② 分级：按果实的大小分成三级，分级标准：3～4.5克；4.6～6克；6.1克以上。

③ 清洗、硬化：洗去果实表面灰尘，漂去果实中的树叶杂质。为保护甜樱桃果实不煮烂，可将收购的甜樱桃经清洗后，放入含1.5%的明矾溶液中浸泡24小时，进行硬化处理，来降低甜樱桃果实的煮烂率。

④ 预煮、冷却：将分级的甜樱桃用容量为25千克的尼龙网袋分装预煮。最佳的预煮方法是：成熟度为80%的樱桃果在100℃沸水中煮90秒后，立即捞出于流动水中迅速冷却，务使冷透；成熟度为85%的樱桃果，水温应是100℃，时间为60秒；成熟度为90%的樱桃，水温是95℃，时间为90秒，这样才能取得最好的脱色效果，并能保证煮烂果的百分率最低。预煮时，预煮水与樱桃果

之比越大越好，一般最少为 20：1，以便果实在瞬间受热，花青苷迅速分解，而果肉又能保持完好，不致煮烂。

⑤ 染色：染色液的配制为水 50 千克，胭脂红 32.5 克，苋菜红 17.5 克，柠檬酸 10 克，混合均匀后调节酸碱度为 4.2 左右，加入经预煮透后冷却好的甜樱桃果 35 千克，浸泡染色 24 小时。染色液的水温为 25℃左右，染色液与樱桃果之比为 10：7。

⑥ 漂洗：从染色液中取出果实用清水漂洗一次，洗去浮色。

⑦ 固色：用 0.3％的柠檬酸水，对已染色漂洗过的樱桃果浸泡 24 小时，进行固色，固色液与樱桃果之比为 4：1，水温 20～25℃。

⑧ 清洗：用清水把固色后的甜樱桃淘洗 2 遍，沥干水后即可装罐。

⑨ 装罐、加糖水、封口：根据罐的大小和规定净重装入樱桃果，一般用 7114 罐，内含物净重 425 克，樱桃果实净重 260 克，需加入糖水 165 克。加入的糖水液面与罐顶要保留一定空隙。空隙过大使空气增加，对罐内食品保存不利；过小，在杀菌期间受热易使罐头变形。一般空隙要留 6～8 毫米。封盖后罐顶空隙为 3.2～4.7 毫米。封罐之前要进行排气，排气的目的是将罐头顶隙和果品组织中保留的空气尽量排除掉，使罐头封盖后能形成一定程度的真空状态，防止败坏。真空封罐和抽气密封适于水果类罐头，糖水染色樱桃罐头的罐内真空度一般为 53.3～60 千帕斯卡。

⑩ 杀菌：将封装好的罐头放在 100℃的沸水中 5～15 秒，取出后立即进行冷却，一般用处理过的符合卫生标准的水冷却至 37℃左右。

⑪ 保温检查：杀菌处理后的甜樱桃罐头，还要存放在 37℃的库房内保存 5 天左右。如果罐头变质，期间会产生大量气体，注意检查倒垛。

⑫ 成品：包装前先用干布将罐头擦干净，打号，涂上一层防腐

剂，以免罐头在运输和贮存中生锈，然后贴上商标，即可装箱出厂。

（2）质量要求　果实呈紫红色，色泽较一致。糖水较透明，允许含少量不引起浑浊的果肉碎屑。具有糖水甜樱桃罐头应有的风味，酸甜适口，无异味。果个大小均匀，无皱缩及明显的机械损伤，果形整齐。果肉不低于净重的 60%，糖水浓度在 14%～18% 之间（开罐时按折光计）。

（三）樱桃果酱

工艺流程　原料选择→煮制→浓缩→装罐→杀菌→冷却。

① 原料选择：选择新鲜无腐烂的甜樱桃，洗净、去核，用组织捣碎机将其搅碎呈泥状（也可用绞肉机和菜刀代替）。

② 煮制：将樱桃泥和水倒入锅中，用旺火煮沸后再开锅煮 5 分钟左右，随后加入白糖和柠檬酸，改用小火煮，并不断搅拌，以避免糊锅而影响果酱质量。

③ 浓缩：待小火煮 15 分钟后，将已经加热而充分溶解的明胶（用少量水将其浸泡后加热）均匀地倒入锅中，继续煮 10 分钟左右。取少许果酱滴入盘中，若无流散现象，即可关火。

④ 装罐：将制成的樱桃酱装入干净容器中，盖上盖，放在阴凉通风处保存。

⑤ 杀菌：蒸汽式杀菌。100℃蒸汽杀菌 5～15 分钟。

⑥ 冷却：在热水池中分段冷却至 35℃，擦罐入库。

（四）樱桃脯

工艺流程　原料选择→后熟→去核→脱色烫漂→糖煮→晾晒→包装。

① 原料选择：选用个大、肉厚、汁少、风味浓、色浅的品种，成熟度在九成左右，剔除烂、伤、干疤及生、青果。

② 后熟：甜樱桃宜于傍晚采收，采收时要防止雨淋，并于室温下摊放在苇席上后熟一夜。切忌堆放过厚而发热，影响制品

质量。

③ 去核：后熟一夜的果实，果核已与果肉分离，可用捅核器（用针在筷子上绑成等距离的三角形，内径约为甜樱桃直径的80%左右）捅出果核，注意尽量减少捅核的裂口。

④ 脱色烫漂：将去核的甜樱桃，浸入0.6%亚硫酸氢钠溶液8小时，脱去表面红色。对于红色较重的甜樱桃，脱色时间可适当延长。将脱色的甜樱桃放入25%糖液中预煮5～10分钟，随即捞出，用45%～50%冷糖液浸泡12小时左右。

⑤ 糖煮：将果实捞出，调整糖液浓度至60%左右，然后再煮沸，将果实进行糖煮，在温火中逐渐使糖渗入果肉，果实渐呈半透明状。

⑥ 晾晒：捞出果实，沥去表面糖汁，放入竹屉或摊放在苇席上，在阳光下曝晒。注意上下通风，防止虫、尘、杂物混入，并每天翻动。晒2～3天，果肉收缩后，可转入阴凉处通风干燥至不黏手时即可。也可在烤房中于60～65℃温度下烤干。

⑦ 包装：一般采用聚乙烯塑料薄膜袋封装。包装前应进行分级，按大小、色泽、形态分级包装。对颗粒不完整、大小不一致以及色泽较差的，另外分开包装。

参 考 文 献

[1] 张福兴. 樱桃产业主要障碍因素攻关研究论文汇编. 北京：中国农业出版社，2013.

[2] 王玉柱. 主要果树新品种（新品系）及新技术. 北京：中国农业大学出版社，2011.

[3] 张开春. 无公害甜樱桃标准化生产. 北京：中国农业出版社，2005.

[4] 孙玉刚. 甜樱桃安全生产技术指南. 北京：中国农业出版社，2012.

[5] 孙瑞红，李晓军. 图说樱桃病虫害防治关键技术. 北京：中国农业出版社，2012.

[6] 赵远征. 大樱桃黑斑果腐病病原学及防治基础研究. 沈阳：沈阳农业大学，2013.

[7] 刘志恒，白海涛，杨红，等. 大樱桃褐腐病菌生物学特性研究. 果树学报，2012，29（3）：423-427.

[8] 李芳东，孙玉刚，等. 生草对果园生态影响的研究进展. 山东农业科学，2009（12）：69-73.

[9] 郭彦彪，李社新，邓兰生，等. 自压微灌系统施肥装置. 水土保持研究，2008，15（1）：261-262.

[10] 李祝，肖洋，王冉，等. 拮抗根癌土壤农杆菌的真菌筛选与抑菌作用. 山地农业生物学报，2006，25（3）：229-232.

[11] 陈梅香，骆有庆，赵春江，等. 梨小食心虫研究进展. 北方园艺，2009，8：144-147.

[12] 李晓军，王涛，张勇，等. 不同种类杀虫剂对樱桃园桑白蚧的防治效果. 中国果树，2009，3：47-49.

[13] 刘庆娟，于毅，刘永杰，等. 二斑叶螨的发生与防治研究进展. 山东农业科学，2011，9：99-101.

[14] 李晓华，陈海平，侯晓华. 黄刺蛾的危害及防治. 陕西林业科技，2007，（1）：48-49.

[15] 阮小凤，杨勇. 甜樱桃病毒病的 ELISA 检测研究. 山东农业大学学报：自然科学版，1998，3：277-282.

[16] 董薇，宋雅坤，吴明勤，等. 大樱桃病毒病研究进展. 中国农学通报，2005，5：332-336.

[17] 李金强，吴亚维，袁启凤，李向林. 樱桃异地鲜销技术研究进展. 江西农业学报，2011，23（5）：60-62.

[18] 王凤娟. 甜樱桃果实水预冷、清洗消毒与自动化分选技术. 河北果树，2012（4）：26-27.

［19］杨士苓．保护地甜樱桃果实的分级及包装．落叶果树，2011（3）：5.

［20］张洪胜，张振英，慈志娟．甜樱桃采后现代处理技术．中国果树，2011（1）：73.

［21］张静．甜樱桃冷链物流设施及贮藏保鲜技术研究．山东农业大学，2008.

［22］GBT 26906—2011．樱桃质量等级．2011.

［23］A publication of Belrose，Inc. World Sweetcherry Review 2011 Edition.

［24］Marisa Luisa Badenes，David Byme. Fruit Breeding. Springer Verlag New York Inc.，2012.

［25］Diane A，Marion M. Western Cherry Fruit Fly（*Rhagoletid indifferens*）. Utah State University Extension，2010.

［26］Verma K D，Gupta GK. Studies on a leaf spot of cherry（*Prunus avium*）caused by *Cercospora circumscissa* Sacc. and its control. Progressive horticulture. 1979，10（4）：57-62.